中山大学本科教学质量工程类教材建设项目

ATMOSPHERIC CHEMISTRY EXPERIMENT

大气化学实验

董汉英　周声圳　凌镇浩　赵　军◎编著

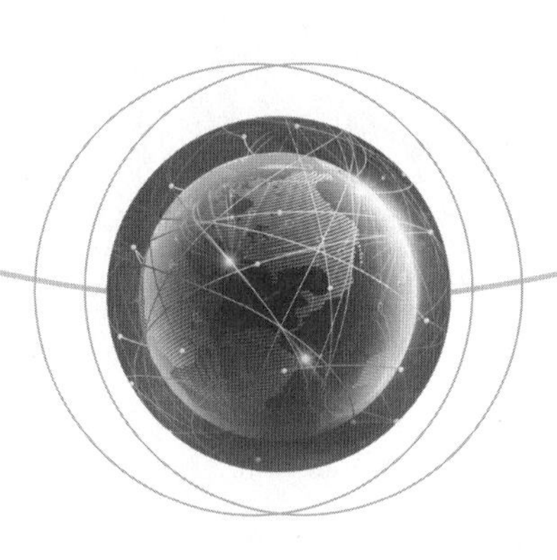

中山大學出版社
SUN YAT-SEN UNIVERSITY PRESS
·广州·

图书在版编目（CIP）数据

大气化学实验/董汉英，周声圳，凌镇浩，赵军编著．—广州：中山大学出版社，2023.3

ISBN 978-7-306-07744-8

Ⅰ.①大…　Ⅱ.①董…②周…③凌…④赵…　Ⅲ.①大气化学—化学实验—高等学校—教材　Ⅳ.①P402-33

中国国家版本馆 CIP 数据核字（2023）第 032107 号

出 版 人：王天琪
策划编辑：曾育林
责任编辑：曾育林
封面设计：曾　斌
责任校对：麦颖晖
责任技编：靳晓虹
出版发行：中山大学出版社
电　　话：编辑部 020-84113349，84110776，84111997，84110779，84110283
　　　　　发行部 020-84111998，84111981，84111160
地　　址：广州市新港西路 135 号
邮　　编：510275　　传　　真：020-84036565
网　　址：http：//www.zsup.com.cn　E-mail：zdcbs@mail.sysu.edu.cn
印 刷 者：广州市友盛彩印有限公司
规　　格：787mm×1092mm　1/16　9 印张　215 千字
版次印次：2023 年 3 月第 1 版　2023 年 3 月第 1 次印刷
定　　价：48.00 元

如发现本书因印装质量影响阅读，请与出版社发行部联系调换

前　言

习近平总书记在2021年9月28日召开的中央人才工作会议上发表重要讲话，强调“加快建设世界重要人才中心和创新高地，需要进行战略布局。综合考虑，可以在北京、上海、粤港澳大湾区建设高水平人才高地”，对人才培养提出了战略高度的指示。随着国家科技强国战略的全面推进，高等教育大气学科得到长足发展，气象业务部门和科学研究领域对大气专业人才素质提出了更为全面且更高的要求。目前全国有近30家高等院校开设了大气科学类专业，在专业设置方面呈现学科交叉及多样化发展态势。因此，对相应的本科教学提出了更高的要求。本科教学不仅传授专业理论知识，更重要的是培养学生掌握专业的实验技能和激发其自主创新能力。通过实验课程的学习可以引领学生更快更好地掌握理论课所学的知识，培养学生动手能力、创新能力和独立解决问题的能力，帮助学生搭建完备的知识体系，实现高素质人才培养的目标。与学科发展和理论课相匹配的实验教材是上好实验课的基础，而目前国内高校尚缺乏内容全面的大气化学实验教材。

《大气化学实验》与《大气化学》理论课相结合，形成理论－实验－认知实践一体化的课程体系。因此，本实验教材编写立足与大气化学基本理论知识相匹配的基础实验内容，紧扣学科前沿实践，力求全面，为大气科学及相关专业本科教学提供一本兼具实操性和专业性的实验教材。全书共设置四章，涵盖大气污染化学、大气无机化学、大气有机化学、在线自动监测和大型仪器设备应用等实验项目共24个。整本教材由董汉英组建教材编写团队、统筹设计实验内容、负责各章节审核。各篇章编写人员分工如下：第一章，周声圳、董汉英；第二章，赵军、董汉英；第三章，凌镇浩、董汉英；第四章，董汉英、黄雄飞。编写人员长期从事专业理论课教学、实验课教学和科研工作，主讲“大气化学”“大气成分与气候变化”“海洋空气污染监测实践”“大气化学实验”“环境化学实验”“环境监测技术实验”“室内环境污染与监测实验”等理论与实验课程；自编《环境化学实验》试用教材（董汉英主编），出版《环境监测实验》教材（董汉英，第二编者），积累了丰富的教学和教材编写经验，为编写《大气化学实验》教材提供了有力的支撑和保障。

全书由主编负责推进实施进度，各章由编写人和校稿人组成，通过编写组内部审核和专家审核相结合的方式严格把关。南京信息工程大学朱彬教授、兰州大学高宏教授、暨南大学王雪梅教授、中山大学海洋科学学院邹世春教授、中山大学大气科学学院黎伟标教授对本书的编写提出了宝贵的意见，保证和提高了教材编写的水平和质量。在此表示衷心的感谢！

本书的顺利出版离不开学院领导的支持！感谢中山大学大气科学学院董文杰院长、郑慧书记的支持！感谢杭建教授、韩永教授的关心和帮助！

由于编者水平有限，书中错误和不当之处在所难免，恳请各位同行和广大师生批评指正！

编　者

2022 年 12 月于珠海

目　录

第一章

大气中颗粒物及其化学组分的测定实验

实验一　大气颗粒物的离线测定

一、概述

大气颗粒物是大气中存在的各种固态和液态颗粒状物质的总称。各种颗粒状物质均匀地分散在空气中，构成一个相对稳定的庞大的悬浮体系，即气溶胶体系，其浓度高低是表征环境空气质量的一个重要指标。大气颗粒物可分为一次颗粒物和二次颗粒物。一次颗粒物主要是由自然源和人为源直接排放到大气中的颗粒物，如燃煤排放烟尘、工业废气中的粉尘、建筑和交通扬尘、风沙扬尘等。二次颗粒物是通过气态前体物经过复杂的大气化学过程转化而形成的微粒，如二氧化硫和氮氧化物分别通过化学转化形成硫酸盐和硝酸盐等。大气颗粒物按照粒径大小可以分为总悬浮颗粒物（TSP）、可吸入颗粒物（PM_{10}）和可入肺颗粒物（$PM_{2.5}$）。我国环境空气质量标准按不同功能区可分为一类区和二类区，大气颗粒物也分别执行一级标准和二级标准。

大气颗粒物对人体健康的危害主要取决于其粒径大小和化学组分。其中，粒径大于10 μm的物质，几乎都可被鼻腔和咽喉所捕集，不进入肺泡，对人体危害相对较小，而粒径在10 μm及以下的颗粒物（PM_{10}），对人体危害最大，称为可吸入颗粒物，尤其是粒径在2.5 μm或以下的颗粒物（$PM_{2.5}$），可经过呼吸道沉积于肺泡并进入血液。TSP、PM_{10}和$PM_{2.5}$在粒径上存在着包含关系，即TSP包含PM_{10}和$PM_{2.5}$，PM_{10}包含$PM_{2.5}$。大气颗粒物中含有多种有毒有害组分（如重金属和有机物等），对人体呼吸系统和健康产生不利的影响。研究表明，当人体长期暴露于TSP浓度高于0.2 mg/m^3的空气中时，其呼吸系统病症增加。颗粒物粒径越小，对人体健康的影响越大。

二、实验目的

离线手工颗粒物采样是进行颗粒物浓度水平监测评价和来源解析的重要环节，了解手工测定方法，为源解析、手动观测化学组分打下坚实的基础。本实验要求学生熟悉和掌握大气颗粒物采样过程及其浓度测定方法，对照并根据国家现行环境空气质量标准（GB 3095—2012）进行空气环境质量分析。

三、实验原理

利用大气颗粒物采样器抽取一定体积的空气，使之通过已恒重的滤膜，大气颗粒物（包括TSP、PM_{10}和$PM_{2.5}$）被阻留在滤膜上，根据采样前后滤膜重量之差及采气体积，计算大气颗粒物的质量浓度，以毫克/标准立方米（mg/Nm^3）表示。用重量法测定大气中颗粒物的方法一般分为大流量（1.1～1.7 m^3/min）和中流量（0.05～0.15 m^3/min）采样法。

四、实验仪器和材料

1. 实验仪器

中流量大气颗粒物采样器：采气流量为100 L/min，采样器流量每月需用孔口校准器进行校正，误差≤2%。配置TSP、PM_{10}和$PM_{2.5}$切割器。

2. 实验材料

（1）天平：十万分之一天平，精度0.01 mg。

（2）滤膜：根据样品采集目的可选玻璃纤维滤膜、石英滤膜等无机滤膜或聚四氟乙烯（特氟龙）等有机滤膜。滤膜对粒径为0.3 μm标准粒子的截留效率不低于99%。采样前，空白滤膜应进行平衡处理至恒重，经称量后放入干燥器中保存备用。

（3）干燥器：内盛变色硅胶。

（4）滤膜包装材料：铝箔纸、无尘塑料袋。

（5）镊子（金属或塑料材质）。

（6）气压表。

（7）温度计。

（8）无水乙醇。

五、实验方法和步骤

1. 实验方法

（1）平衡室条件要求：称量要求在恒温恒湿条件下进行，平衡室温度在20～25 ℃之间（温度变化为±1 ℃），相对湿度小于50%（湿度变化为±5%）。

（2）滤膜恒重：使用前首先仔细检查滤膜是否完好，无破损。小心将滤膜置于恒温恒湿平衡室内平衡24 h。

（3）滤膜称重*：使用读数准确至0.01 mg以上的分析天平称量已平衡24 h的滤膜，将其平展地放入写有编号的封口袋内，记录滤膜编号和重量，避光贮存备用。

*滤膜质量控制：采用称取“标准滤膜”的方式进行质量控制。标准滤膜制作方法为：每张滤膜称重10次以上，其平均值为该张滤膜的原始质量，该滤膜称为“标准滤膜”。在称取空白或样品滤膜时，需同时称量至少一张“标准滤膜”，若称出的重量在其原始重量±0.05 mg误差范围内，则说明该批样品滤膜称量合格，否则应检查称量

环境是否符合要求，并重新称量该批样品。

（4）滤膜安装：用小镊子将已恒重的滤膜从封口袋中取出，将“毛”面向上，平放在采样夹的网托上，拧紧采样夹固定螺帽，按照采样器规定的流量采样。注意安装过程中已称重的滤膜一定不能有损失或破损，保证滤膜重量不会变化。

（5）采样结束后，拧开固定螺帽，取下采样夹，使用镊子从网托上小心取下滤膜，使采样“毛”面朝内，并从滤膜长边中间线对叠好，放回原封口袋并贮存于盒内，带回实验室，置于平衡室内平衡 24 h 后，在相同的恒温恒湿条件下称重（滤膜封口袋可用记号笔标注采样编号、采样日期、采样起始时间等信息）。

2. 采样步骤

（1）采样点的布设：实验开始前，首先要选取适合的采样点。点位尽量选择相对开阔的地域，避免偶然的人为污染源影响。例如，可根据可能的大气颗粒物分布情况，在校园内、外设置 5 ～6 个代表性样点或区域（如不同高度的楼层、食堂附近、交通要道、学生宿舍等），通过比对各组实验结果，分析校园大气中总悬浮颗粒物现状。

（2）采样器安装：选取开阔的场地安装好采样器，接通电源，按照开机方法测试仪器是否正常工作（采样高度应不小于 1.5 m）。

（3）打开切割器顶盖，取出滤膜夹，用脱脂棉蘸取无水乙醇清洁切割器及滤膜夹。

（4）从已编号的封口袋中取出已称量过的滤膜，将其“毛”面向上放在滤膜网托上，然后放滤膜夹，合上切割器顶盖并固定。

（5）按照采样器使用说明操作，设置好采样参数即可启动采样。采样人员做好相关记录，包括采样点位、采样点周边情况、采样起止时间和天气条件等。

（6）采样结束后，打开切割器，用镊子小心取出滤膜，采样面向里，将滤膜对折，放入与原号码相同的滤膜袋中，带回实验室放入冰箱冷冻（ −20 ℃），并尽快分析。

六、采样记录

（1）记录现场温度、大气压力、采样起始时间、流量等指标，记于表 1 −1 −1 中。

表 1 −1 −1　大气颗粒物采样记录

监测点位：＿＿＿＿＿＿＿＿　　监测时间：＿＿＿＿＿＿＿＿

采样日期	滤膜编号	起始时间	结束时间	温度（K）	气压（hPa）	采样流量（m^3/min）	采样前滤膜质量（g）	采样后滤膜质量（g）

分析者：＿＿＿＿＿＿＿＿　　审核者：＿＿＿＿＿＿＿＿

（2）样品测定记录：将采样后的滤膜在室内平衡 24 h，迅速称重并记录结果于表 1 −1 −1 中。

七、结果计算

TSP、PM_{10}和$PM_{2.5}$浓度按照公式（1－1－1）计算：

$$\rho = \frac{(W_2 - W_1)}{V} \tag{1-1-1}$$

式中，ρ 为质量浓度，单位为 mg/m^3；W_2 为采样后滤膜重量，单位为 mg；W_1 为采样前滤膜重量，单位为 mg；V 为实际采样体积（$V = Q\Delta t$），单位为 m^3；Q 为采样流量，单位为 m^3/min；Δt 为实验时长，单位为 min。

八、注意事项

（1）采样前后应检查采样头是否漏气。当滤膜上颗粒物与四周白边之间的界线逐渐模糊，说明有漏气现象发生，应更换面板密封垫。

（2）在称量不带衬纸的聚四氟乙烯滤膜时，取放滤膜时应先用金属镊子触碰一下天平盘，以消除可能的静电对称量准确度的影响。

（3）若污染严重，可用几张滤膜分段采样，合并计算日平均浓度。

（4）采样器的切割头要定期清理，以免影响采样准确度。

（5）安装或取下采样滤膜过程中需要佩戴一次性乳胶手套。

九、结果分析和讨论

（1）在获得监测结果的基础上，参照以下环境空气质量标准（表1－1－2），对监测点所在区域的环境空气质量做出分析。

（2）监测点空气中的 TSP、PM_{10}和$PM_{2.5}$质量浓度是否能够达到环境空气二级标准的要求？如果可以达标，其含量距离标准限值还有多少容量？如果已经超标，你认为主要的原因是什么？

（3）在监测区域内是否存在大气颗粒物的排放源？

表1－1－2　大气颗粒物的浓度限值*

测定项目	平均时间	一级浓度限值（μg/m^3）	二级浓度限值（μg/m^3）
总悬浮颗粒物（TSP）	年平均	80	200
	24小时平均	120	300
PM_{10}	年平均	40	70
	24小时平均	50	150
$PM_{2.5}$	年平均	15	35
	24小时平均	35	75

*参见《环境空气质量标准（GB 3095—2012）》。

十、附：武汉天虹中流量大气采样器使用说明

本实验室采用武汉天虹 TH - 150 中流量大气采样器进行实验，使用指引如下：

（1）采样时需要接引交流电源，务必注意用电安全，严防事故发生。

（2）插上电源，按下前面的红色开关，见屏幕显示数字“00：00”并闪烁。

（3）按“采时”键，显示“24：00 ”并闪烁，可按实际采样时间修改。

（4）再按“采时”键，显示“00：30　C”并闪烁，这时按“递增/移位”健，使显示“00：00　C”（即关闭 C 路采样通道）。

（5）再按“采时”键，显示“00：20　D”并闪烁，这时按“递增/移位”健，使显示“00：00　D”（即关闭 D 路采样通道）。

（6）检查“标时”键，如果不是显示“00：00”，可按“递增/移位”健，使显示“00：00”。

（7）按“定开”键，显示“00：05”，如不修改，则 5 min 后开始采样，如要马上采样，可利用“递增/移位”健修改至显示“00：00”即马上开始采样。

（8）当次采样结束或中途断电时，不要关闭前面的红色开关。这时按“查询”键，记录当次采样的累积体积、标况体积、累计时间、平均温度四组数据。

（9）当天继续采样按上述过程重复进行，视采样要求更换滤膜。

（10）当天采样结束时，应将采样滤膜尽快带回实验室，并填报采样参数表。

实验二　大气颗粒物的在线测定

一、概述

大气颗粒物按照粒径的大小可分为 $PM_{2.5}$、PM_{10} 和 TSP。$PM_{2.5}$ 是指大气中空气动力学直径小于或等于 2.5 μm 的颗粒物，也称为可入肺颗粒物，直径约为头发丝的 1/20；PM_{10} 是指大气中空气动力学直径小于或等于 10 μm 的颗粒物，也称为可吸入颗粒物；TSP 也称总悬浮颗粒物，即空气动力学直径小于或等于 100 μm 的颗粒物。

由于 $PM_{2.5}$ 的粒径足够小，能够进入肺泡，因此其对人体健康的影响更大，成为人们关注的热点，$PM_{2.5}$ 质量浓度控制已被写入我国《环境空气质量标准》，并于 2016 年 1 月 1 日起在全国实施。$PM_{2.5}$ 质量浓度的监测技术分为手工采样方法和自动监测方法两种。手工采样方法通常采用重量法测量 $PM_{2.5}$ 质量浓度，操作时间长，无法获取实时数据，不能满足当前环境管理的需求。因此，大气颗粒物在线监测技术应运而生，它可以实时有效地反映出大气颗粒物质量浓度的变化，可实现自动化、智能化的大气环境监测管理要求。

二、实验目的

通过学习大气颗粒物在线测量原理和方法，要求学生掌握大气颗粒物在线监测仪的基本操作和标定校准，从而了解大气颗粒物浓度的时间动态变化规律，为颗粒物污染的来源和形成提供基础数据。

三、实验原理

目前在线测定空气中 PM_{10} 和 $PM_{2.5}$ 的方法主要有 β 射线法、微量振荡天平法（TEOM）和光散射法。其中，β 射线法和微量振荡天平法是国家新标准规定的自动分析方法。仪器基于样气入口不同粒径段的切割器（如 PM_{10} 或 $PM_{2.5}$），实现对不同粒径的大气颗粒物的测量。

1. β 射线法

β 射线法的工作原理：当一定强度的 β 射线穿过一定厚度的介质时，由于介质的吸收作用，β 射线的强度会衰减，其衰减的程度与颗粒物的质量浓度（厚度）成正比，在

一定范围内遵循比尔-朗伯（Beer-Lambert）定律，即

$$I = I_0 e^{-kd} \tag{1-2-1}$$

式中，I_0 为通过滤膜采样前的β射线量；I 为通过滤膜采样后的β射线量；k 为β射线对介质的质量吸收系数，单位为 cm^2/mg；d 为质量厚度，单位为 mg/cm^2。

设一定时间内采样气体体积为 V，滤膜收集 $PM_{2.5}$（或 PM_{10}）的质量为 Δm，则 $PM_{2.5}$的浓度值 c 为：

$$c = \frac{\Delta m}{V} = \frac{\pi R^2 d}{V} \tag{1-2-2}$$

式中，c 为颗粒浓度，单位为 mg/L；V 为采样气体体积，单位为 L/min；R 为圆形滤膜的半径，单位为 cm；d 为质量厚度，单位为 mg/cm^2。

结合上述两式，可得

$$c = \frac{\Delta m}{V} = \frac{\pi R^2 d}{V} = \frac{\pi R^2 \ln \frac{I_0}{I}}{kV} \tag{1-2-3}$$

β射线对介质的吸收系数 k 近似为常数，可通过已知条件算出，因此，本方法的关键是测量出β射线通过滤膜采样前后的强度 I_0 和 I，并由此计算出颗粒物的浓度值。

2. 微量振荡天平法

微量振荡天平法的核心部分是其内部的空心振荡元件。在其工作时，振荡元件的下端固定，其上端作为自由端可以自由振荡，并且在其上端连接有一个用于滤取颗粒物的滤膜，振荡元件和滤膜等共同构成振荡系统。振荡系统在自然振荡时，其振荡频率只与振荡系统本身的物理特性和整体质量有关。因而通过测量振荡系统的固有振荡频率变化，即可确定其质量变化，从而得到滤膜上沉积的颗粒物的质量。

$$m = m_1 - m_0 = K_0\left(\frac{1}{f_1^2} - \frac{1}{f_0^2}\right) \tag{1-2-4}$$

式中，m 为采样时间段内空气中含有的颗粒物的质量，即先后两次振荡系统质量的差；m_0 为某段采样时间初始时测量的振荡系统的总质量；m_1 为这段采样结束时测量的振荡系统的总质量；K_0 为恢复力常数；f_0 为某段采样时间初始时测量的振荡系统的谐振频率；f_1 为这段采样时间结束时测量的振荡系统的谐振频率。

四、实验仪器和材料

本实验采用β射线法在线监测大气中的颗粒物。

1. 仪器装置

仪器装置包括切割器、进样管、密封装置、滤带支架、β射线测量系统、流量控制装置、泵、流速计或流量计等。流量控制装置应能将采样流量控制在设定值的±5%范围内。进样管需具备动态加热装置，加热温度范围一般设置在 40 ～50 ℃之间。

2．实验材料

（1）滤带（膜）：一般选择石英材质。

（2）零膜片：由惰性材料（如聚碳酸酯、铝、金等）制成，与清洁滤带具有基本相同的面积质量。

（3）标准膜：由惰性材料（如聚碳酸酯、铝、金等）制成，分为两种，一种标称值为实际面积质量，另一种标称值为膜片实际面积质量减去零膜片面积质量的差值。

五、实验方法和步骤

1．开机前准备

（1）检查仪器电路、气路连接是否正确。

（2）检查滤带安装是否完好。

2．开机

（1）开启仪器后面板上的电源开关。

（2）检查面板上显示的日期与时间是否正确。

（3）仪器主屏状态行显示进入正常操作模式，根据具体设置的采样时间，仪器开始正常采样运行，并显示测得的样品浓度值。

3．记录

记录仪器的运行状况、滤带的更换和编号、标准膜的校准、流量等。

4．停机

（1）关闭后面板电源开关。

（2）切断仪器及泵电源。

六、结果计算

实际状态下的颗粒物浓度按照式（1－2－5）进行计算：

$$\rho = \frac{\Delta m S}{t Q} \times 10^6 \qquad (1-2-5)$$

式中，ρ 为实际状态下环境空气中颗粒物的浓度，单位为 μg/m³；Δm 为截留在滤带上颗粒物的单位面积质量，单位为 mg/cm²；S 为截留在滤带上颗粒物的面积，单位为 cm²；t 为采样时间，单位为 min；Q 为实际状况下的采样流量，单位为 L/min。

测定结果保留整数位，用于空气质量评价的监测数据按照《环境空气质量评价技术规范（试行）》（HJ 663—2013）统计，数据有效性按照《环境空气颗粒物（PM_{10} 和 $PM_{2.5}$）连续自动监测系统运行和质控技术规范》（HJ 817—2018）进行判断。

七、注意事项

（1）本仪器属于精密仪器，对运行环境要求严格，运行过程中一定要保证气路不漏气，防止冷凝水等进入气路损坏流量传感器等。

（2）定期检查仪器的运行参数以及对设备进行标定，定期更换滤带。

八、结果分析和讨论

在获得监测结果的基础上，参照环境空气质量标准，对监测点所在区域的环境空气质量做出分析。

（1）测定点空气中的 PM_{10} 和 $PM_{2.5}$ 含量是否能够达到环境空气二级标准的要求？

（2）对监测点的 PM_{10} 和 $PM_{2.5}$ 浓度做日变化趋势分析，初步解释造成这个日变化趋势的原因。

实验三　大气颗粒物中痕量元素的测定

一、概述

痕量元素是大气颗粒物中的重要化学组分，主要通过自然源和人为源排放进入大气，许多痕量元素具有较高的毒性和生物有效性，易于富集在颗粒物中并在大气中长时间停留，它们不仅对环境构成潜在威胁，同时也对人体健康造成巨大危害。研究大气颗粒物中痕量元素的生物地球化学循环、生态环境效应及其对人类健康的影响具有重要的意义。大气中痕量元素的测量方法有多种，常使用的如石墨炉原子吸收光谱法（GF-AAS）、X-射线荧光光谱法（XRF）、电感耦合等离子体原子发射光谱法（ICP-AES）和电感耦合等离子体质谱法（ICP-MS）等。其中，ICP-MS 是以独特的接口技术将电感耦合等离子体的高温电离特性与四级杆质量分析器的快速灵敏扫描的优点相结合而形成的一种元素和同位素分析技术，具有高灵敏度、低检出限、线性范围宽、进样量少以及多元素同时分析等优点，特别适合多种元素共存、浓度水平分布范围宽和影响因素复杂样品的分析。

二、实验目的

大气颗粒物中的痕量元素由于其大气稳定性和源特异性，常被用于颗粒物的来源识别，因此本实验可以为大气颗粒物的来源解析提供重要的基础数据。本实验要求学生学会大气颗粒中痕量元素的前处理和分析测试方法，了解 ICP-MS 工作原理和数据处理过程。

三、实验原理

用滤膜采集大气颗粒物样品，经消解制备成样品溶液。待测样品溶液由载气带入高频等离子体炬焰中，在高温和惰性气体中充分电离，产生的部分离子经接口进入质量分析器，质量分析器根据离子的质荷比进行分离并检测离子信号。通过比对全质量范围内质谱图质荷比信息，结合同一元素不同同位素响应信号比值与理论丰度比值的匹配度进行定性分析；通过元素电离度和同位素丰度信息，结合元素离子的质荷比-灵敏度响应曲线进行半定量分析；在一定浓度范围内，元素质量数所对应的信号响应值与元素浓度成正比，从而进行定量分析。

四、实验仪器和材料

1. 实验仪器

（1）大气颗粒物采样器：利用中流量大气颗粒物采样器（武汉天虹，TH－150）和聚四氟乙烯滤膜（或者高纯的石英滤膜）采集大气颗粒物（见实验一）。

（2）电感耦合等离子体质谱仪：主要由进样系统、冷却系统、真空系统、离子源、接口、离子透镜系统、质量分离器、检测器、控制与数据处理系统等部分组成，可选配碰撞/反应池、联用设备等附件（图1－3－1）。仪器工作环境和对电源的要求需根据仪器说明书规定执行。仪器扫描范围：5～250 amu。最小分辨率为峰高5%处，分辨率为1 amu。

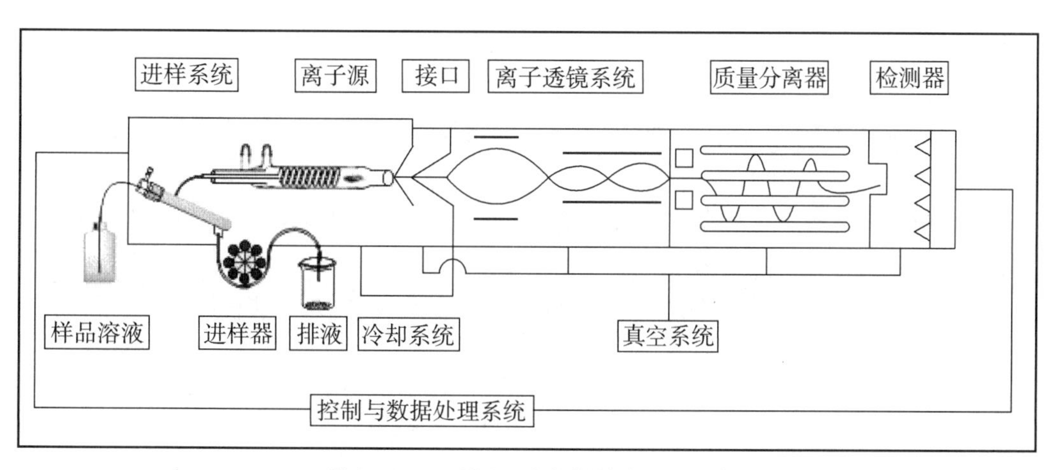

图1－3－1　ICP-MS仪器基本配置示意

（3）微波消解仪：大气颗粒物样品的前处理，消解后的样品进行ICP-MS分析。

（4）超纯水制备仪。

2. 实验材料

（1）过滤装置：孔径为0.45 μm的醋酸纤维或聚乙烯滤膜。

（2）氩气：氩气的体积分数≥99.99%。

（3）超纯水：电阻率 ≥ 18.0 MΩ · cm。

（4）浓硝酸：$\rho(HNO_3)=1.42$ g/mL，优级纯或更高级别，必要时需经纯化处理。

（5）氢氟酸：$\rho(HF)=1.16$ g/mL，优级纯以上，必要时经纯化处理。

（6）过氧化氢（H_2O_2）：约30%（m/m）。

（7）标准储备溶液：各分析元素标准储备溶液可用光谱纯金属或金属盐类（基准物质）配制成浓度为1000 mg/L的标准储备溶液，根据各元素的性质选用合适的介质，也可购买有证标准物质。

（8）标准溶液系列：以标准储备溶液逐级稀释成标准使用液，配置测试元素对应的标准系列。

（9）质谱调谐液：可购买有证标准物质，也可用单元素标准储备溶液进行配制。该溶液需含有高、中、低质量数的离子，可按照仪器厂商要求或仪器检定规程要求选择元素、溶液介质及浓度。该溶液需含有足以覆盖全质谱范围的元素离子，推荐选用锂、铍、钴、镍、铟、钡、铈、铅、铋、铀等元素，混合溶液的浓度为 10 μg/mL。使用前用硝酸溶液逐级稀释至 1.0 μg/L。

（10）实验器皿：聚四氟乙烯烧杯，250 mL；聚乙烯容量瓶，50 mL 和 100 mL；聚丙烯或聚四氟乙烯瓶，100 mL；A 级玻璃量器。所用玻璃器皿使用前需用20%硝酸溶液浸泡至少 24 h，或用 50%硝酸溶液煮沸并放置 15 min 后，按照自来水、纯净水、超纯水的顺序各清洗 3 次。

五、实验方法和步骤

1．采样步骤

采样步骤见实验一，利用大气颗粒物采样器采集大气颗粒物。

2．样品前处理

（1）样品制备：使用微波消解方法。该方法可在高温高压下迅速分解颗粒物的有机物结构和矿物结构，制成待测溶液。具体步骤是，截取一定面积（如 1/4 滤膜面积）的样品滤膜放入微波消解罐中，加入 $\rho = 1.42$ g/mL 的硝酸 5 mL、30%过氧化氢 2 mL，加盖密封，放入微波消解炉。控制在 1.5 MPa 压力下消解 5 min。取出冷却，用真空抽滤装置过滤，并以 1%的热稀硝酸冲洗数次。待滤液冷却后，转移至 50 mL 的容量瓶中，用1%的稀硝酸稀释定容，贴上标签，保存待测。取相同批号等面积的空白滤膜，按照同样的样品预处理方法操作，制备空白溶液。

（2）元素加标样品：由于没有滤膜颗粒物标准物质，为了评价方法的准确度和精密度，可对样品进行 3 次平行加标回收实验，计算 3 次实验的平均回收率。加标回收实验的具体做法是，将某样品平均分成 2 份，其中一份样品按照加标实验要求，加入含有被测元素的混合标样，然后将两份样品在同等条件下进行消解处理和测定，计算元素回收率。

（3）标准曲线制作：用 5%硝酸溶液逐级稀释多元素标准使用液，依次配制浓度为 0.00 ng/mL、0.10 ng/mL、0.50 ng/mL、1.0 ng/mL、5.0 ng/mL、10.0 ng/mL、20.0 ng/mL、50.0 ng/mL 和 100 ng/mL 的标准系列溶液，上机测定，绘制标准工作曲线，线性相关系数达 0.999 以上，可以进行实际样品的测定。

3. 样品溶液的测定

（1）按照仪器操作规程指引开机，点燃等离子体炬，吸入0.5%稀硝酸溶液，冲洗系统待信号响应值稳定30 min后开始测定。

（2）吸入调谐溶液调节仪器灵敏度、信噪比、分辨率、稳定性、氧化物产率和双电荷产率等，使各项指标达到检测要求。

（3）优化ICP各项参数：ICP功率、等离子体气流速、辅助气流速、载气流速、采样位置、溶液提升量等。优化质谱各项参数，如离子透镜参数、质谱测量方式、各通道积分时间/采样频率、质谱分辨率等，使同时测量的大多数元素信号强、精密度高、干扰少。

（4）测定标准溶液、加标溶液和样品溶液。分别绘制标准曲线、计算加标回收率并准备样品待测元素浓度。

（5）待测定样品后，将样品管浸入清洗液（5%稀硝酸溶液）中清洗5 min，再将样品管浸入超纯水中清洗5 min，最后按照关机步骤关闭仪器和附属设备。

六、结果计算

直接进样测定的样品中待测元素质量浓度（ρ_1）与测定值（ρ_2）一致。

经稀释进样或经化学处理的样品中待测元素质量浓度（ρ_1），按公式（1－3－1）计算：

$$\rho_1 = (\rho_2 - \rho_3) \cdot f \qquad (1-3-1)$$

式中，ρ_1为样品中待测元素质量浓度的数值，单位为微克每升（μg/L）；ρ_2为样品溶液中待测元素质量浓度的数值，单位为微克每升（μg/L）；ρ_3为空白样品中待测元素质量浓度的数值，单位为微克每升（μg/L）；f为稀释倍数。

七、质量控制

（1）实验全程序空白测定11次，计算标准偏差，3倍标准偏差对应的样品浓度为该方法对该元素的检出限。

（2）实验全程序空白测定11次，计算标准偏差，10倍标准偏差对应的样品浓度为该方法对该元素的定量限。

（3）取20%的待测样品进行平行测定，计算标准偏差，应符合痕量分析的要求，不得大于10%。

（4）每一批次样品应进行加标回收，回收率范围应在90%～110%之间。

（5）在样品处理及分析过程中，应对空白溶液进行检测，若空白较高，应对试剂进行反复蒸馏后才能使用，或者更换符合要求的试剂。

（6）每次测定均应新配制标准溶液和制作标准曲线，每种元素的线性相关系数达

到0.999以上，内标元素信号变化*RSD*在5%以下。

八、注意事项

（1）滤膜的选择：大气颗粒物中痕量元素的测定过程中，采样滤膜宜选用有机材质滤膜，如聚丙烯和聚四氟乙烯等；根据实验测定的元素物种情况，也可选用纯度较高的石英滤膜，但可能会有来自其他痕量元素的干扰，以及不能测量硅元素。

（2）测定灵敏度降低时，需戴上无粉手套拆下仪器雾化室、雾化器、炬管和双锥，以“1+1”硝酸溶液浸泡半小时后用超纯水清洗干净（禁用超声清洗），再用干净的风筒吹干。如果样品含盐量或者有机质含量较高，需每周清洗一次。

（3）对于可能含有高浓度待测元素的样品，可先用电感耦合等离子体发射光谱仪或原子吸收光谱仪（AAS）等进行估测，找到浓度超过ICP-MS仪器测量线性范围的元素，可选择适当稀释或其他合适方法测定。

九、结果分析和讨论

（1）讨论测定结果，对大气气溶胶中痕量元素来源进行分析。

（2）利用ICP-MS测定痕量重金属的过程中哪些元素容易被污染？如何解决？

实验四　大气颗粒物中水溶性无机离子的测定

一、概述

大气颗粒物中的水溶性无机离子是大气颗粒物的重要组成部分（可占 $PM_{2.5}$质量的30%～50%）。水溶性无机离子可以显著改变大气颗粒物的吸湿性，影响颗粒物的粒径分布及云凝结核的形成。例如，颗粒物中 NH_4^+、NO_3^- 和 SO_4^{2-} 等二次无机离子不仅对降低大气能见度和灰霾污染形成具有较大的贡献，还可以影响气溶胶的酸度，在一定条件下可明显影响酸雨的形成。同时，它们也可与大气中的某些有害物质发生协同作用，对人体健康造成更大危害。

无机离子的分析方法较多，主要包括重量法、原子吸收光谱法（AAS）以及离子色谱法（IC）等。其中，离子色谱法因其高灵敏度和高稳定性的分离系统、良好的选择性以及可多组分同时分离等优点，成为最常用的各种样品基质中无机离子的测定方法。本实验采用离子色谱法分析大气颗粒物中的水溶性无机离子。

二、实验目的

掌握离子色谱法的工作原理，学会离子色谱仪操作步骤及数据处理方法。了解水溶性离子的浓度水平，为颗粒物污染的来源和成因提供化学组分数据。

三、实验原理

1. 基本原理

离子色谱法是一种用于分析阴、阳离子和小分子极性化合物的新型液相色谱分析技术。该法基于离子交换原理进行分离，由抑制器扣除淋洗液背景电导，然后利用电导检测器进行测定；再根据混合标准溶液中各阴、阳离子出峰的保留时间以及峰高进行定性和定量测定。

2. 分析流程

离子色谱分析系统一般由输液系统、进样系统、分离系统和检测系统构成。试样由进样系统进入，然后随着流动相进入离子交换柱分离系统，分离后进入检测系统，信号经过数据处理系统采集记录。离子色谱分析流程原理如图 1－4－1 所示。

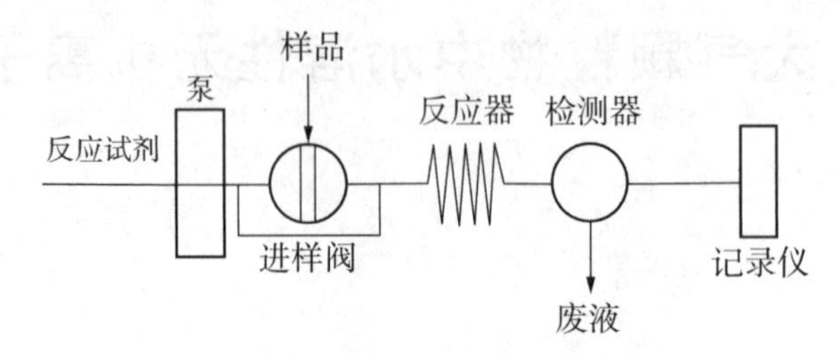

图 1－4－1　离子色谱分析流程原理

3. 干扰与消除

任何与待测阴、阳离子保留时间相同的物质均会干扰测定。保留时间相近的离子浓度相差太大时不能准确测定，可采用适当稀释或加入标准使用液的方法达到定量的目的。高浓度的有机酸对测定有干扰，可通过样品分离等方法去除有机酸的影响。

四、实验仪器和材料

1. 实验仪器

（1）中流量大气颗粒物采样器，聚四氟乙烯滤膜或石英滤膜。采样方法见实验一。

（2）离子色谱仪：由进样、分离和检测系统组成，仪器结构示意图如图 1－4－2 所示。

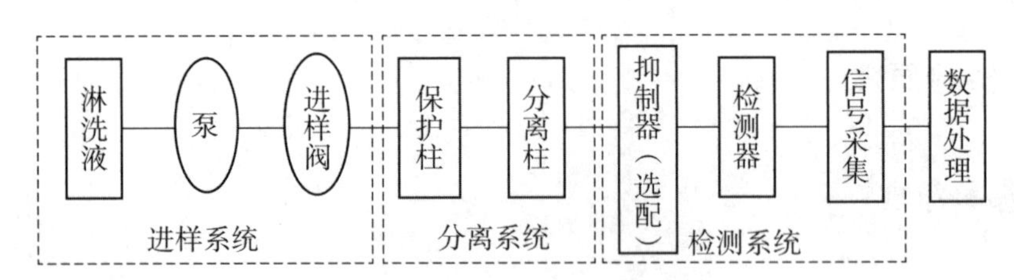

图 1－4－2　离子色谱仪结构示意

（3）配有 0.45 μm 水系微孔滤膜的抽气过滤装置。

（4）一次性注射器及 0.45 μm 水系微孔滤膜过滤器。

（5）抑制器（柱）。

（6）阴、阳离子分离柱和保护柱。

（7）超声波清洗器：40～60 kHz。

2. 实验材料

(1) 阴离子淋洗液 (3.5 mmol/L Na_2CO_3/1.0 mmol/L $NaHCO_3$): 准确称取 0.6784 g 碳酸钠和 0.1680 g 碳酸氢钠，分别溶于适量水中，全量转入 2000 mL 容量瓶，用水稀释定容，混匀。

(2) 阳离子淋洗液 [20 mmol/L 甲烷磺酸 (MSA)]: 移取 40.0 mL 甲烷磺酸淋洗贮备液 (1 mol/L) 于 2000 mL 容量瓶中，用水稀释定容混匀。

(3) 再生液: 根据仪器要求配制。

(4) 阳离子标准贮备液 (1000 mg/L): 分别称取 3.6977 g 硝酸钠、2.9654 g 氯化铵、2.5857 g 硝酸钾、5.8919 g 硝酸钙和 10.5518 g 硝酸镁 [以上均要求为优级纯，使用前经 (105 ± 5) ℃干燥恒重后，置于干燥器中保存] 溶于装有适量纯水的烧杯中，全量转入 1000 mL 容量瓶，用水稀释定容混匀。此时，Na^+、K^+、NH_4^+、Ca^{2+} 和 Mg^{2+} 离子贮备液均为 1000 mg/L。贮备液于 3 ~ 5 ℃避光冷藏，可保存 6 个月。亦可购买市售有证标准物质。

(5) 阳离子混合标准使用液: 分别移取 10.00 mL 上述 Na^+、K^+、NH_4^+、Ca^{2+} 和 Mg^{2+} 标准贮备液于 500 mL 容量瓶中，用水稀释定容，混匀。配制各离子含量均为 20.0 mg/L 的混合标准使用液。

(6) 阴离子标准贮备液 (1000 mg/L): 分别准确称取 2.2100 g 氟化钠、1.6485 g 氯化钠、1.4997 g 亚硝酸钠、1.6304 g 硝酸钾、1.4792 g 无水硫酸钠 [以上均要求优级纯，使用前经 (105 ± 5) ℃干燥恒重后，置于干燥器中保存] 溶于装有适量纯水的烧杯中，全量转入 1000 mL 容量瓶，用水稀释定容，混匀。此时，F^-、Cl^-、NO_2^-、NO_3^- 和 SO_4^{2-} 贮备液浓度均为 1000 mg/L。将其转移至聚乙烯瓶中，可于 3 ~ 5 ℃避光冷藏保存 6 个月。亦可购买市售有证标准物质。

(7) 阴离子混合标准使用液: 分别移取上述 10.0 mL 氟离子标准贮备液、100.0 mL 氯离子标准贮备液、10.0 mL 亚硝酸根标准贮备液、100.0 mL 硝酸根标准贮备液和 200 mL 硫酸根标准贮备液于 1000 mL 容量瓶中，用水稀释定容混匀。配制成含有 10.0 mg/L F^-、100.0 mg/L Cl^-、10 mg/L NO_2^-、100 mg/L NO_3^- 和 200 mg/L SO_4^{2-} 的混合标准使用液。

五、实验方法和步骤

1. 颗粒物滤膜样品的前处理

(1) 用镊子夹取滤膜样品，以采样面朝下放入已编号的聚乙烯离心管中 (30 mL)，用剪刀在聚四氟乙烯滤膜塑料环剪开一个小口 (注意不要剪到采样膜)，然后把采样膜推入离心管的最底部，用移液枪加入 10 mL 超纯水 (移取过程中移液枪只能接触离心管上部边缘，不能接触里面内壁和采样膜，同时保证采样膜浮在液面上)，拧紧离心管管盖，放入超声清洗器。

（2）室温下用超声振荡提取30 min。为防止超声过程中提取液温度升高，使样品溶液体积发生变化，同时防止铵盐和有机物等易挥发性物质的挥发损失，可向超声清洗器的水中加入碎冰块，以降低水温（水温不要超过30 ℃）。

（3）超声完毕，取出离心管，用一次性注射器吸取提取液，然后在注射器头上加上0.45 μm或者0.22 μm的微孔过滤头，将提取液过滤至10 mL聚乙烯离心管或小瓶中，放入样品架上。

（4）提取液样品应尽快分析。如不能及时测定，应经抽气过滤装置过滤后于3～5 ℃ 避光密封保存。其中，NH_4^+ 和 Ca^{2+} 于3天内测定，Na^+、K^+、Mg^{2+} 于28天内测定。样品经过滤后可直接进样，也可经微孔滤膜过滤器过滤后进样。

（5）空白试样的制备。实验用空白滤膜代替样品，按照上述相同步骤制备空白试样液。

2. 离子色谱分析参考条件

根据仪器使用说明书优化测量条件或参数，可按照实际样品的基体及组成优化淋洗液浓度。

3. 标准曲线的绘制

根据被测样品中目标离子的浓度，选择合适的标准系列浓度范围，按照从低到高浓度的顺序依次测定。以各种离子的浓度为横坐标，峰面积或峰高为纵坐标，绘制标准曲线。分别准确移取0.00 mL、1.00 mL、2.00 mL、5.00 mL、10.00 mL、20.0 mL混合标准使用液置于一组100 mL容量瓶中，用纯水稀释定容混匀。配制成0.00 mg/L、0.20 mg/L、0.40 mg/L、1.00 mg/L、2.00 mg/L、4.00 mg/L 6个不同浓度的混合标准系列。

4. 样品的测定

按照与绘制标准曲线相同的色谱条件测定样品中的目标离子，以保留时间定性，以峰面积或峰高定量。

注：对于超出目标离子线性范围的样品，可通过稀释样品的方式进行测定，同时记录稀释倍数（D）。

六、结果计算

滤膜样品中水溶性阴、阳离子的质量浓度按照式（1-4-1）计算。

$$\rho = \frac{(\rho_1 - \rho_0) \times V \times N \times D}{V_{nd}} \qquad (1-4-1)$$

式中，ρ 为滤膜样品中阴、阳离子的质量浓度，单位为 μg/m³；ρ_1 为试样中阴、阳离子的质量浓度，单位为 mg/L；ρ_0 为滤膜实验室空白试样中阴、阳离子质量浓度平均值，单位为 mg/L；V 为提取液体积，单位为 100.0 mL；N 为滤膜切取份数，取整张滤膜超声提取则 $N=1$，取 1/4 张滤膜则 $N=4$；D 为试样稀释倍数；V_{nd}为标准状态下采样总体积，单位为 m³。

结果表示方法：当样品含量≥1.00 μg/m³，结果保留至小数点后三位；当样品含量 <1.00 μg/m³时，结果保留三位有效数字。

七、质量控制和质量保证

1. 标准曲线

一般至少需要 5 个浓度系列绘制标准曲线，标准曲线的相关系数应≥0.999（NH_4^+≥0.995）。每批次样品应校核一次标准曲线，即分析一个标准曲线中间点浓度的标准溶液，其测定结果与标准曲线该点浓度之间的相对误差应≤10%，否则应重新绘制标准曲线。

2. 空白实验

按照与样品测定相同的色谱条件测定空白试样，以保留时间定性，峰面积或峰高定量。每批次样品应进行 1 个空白试样分析。样品数量多于 10 个，应按 10% 的比例进行空白试样分析。

3. 精密度

选取样品数量 20% 测定平行双样，平行双样测定结果的相对偏差应≤10%。

4. 准确度

每批次样品（≤20 个）应至少做 1 个加标回收测定或有证标准样品测定。其中，加标回收率应控制在 70%～130% 之间，标准样品测定值应在有效范围内。

八、注意事项

（1）样品提取过程中，放样品膜时应保证采样膜样品面朝下；超声提取时水温不超过 30 ℃，为避免样品溶液体积发生变化，同时防止氨的挥发，可在水浴中加入冰块，防止温度过高。

（2）采样滤膜应选用空白较低且数值稳定的产品。空白滤膜中待测离子含量高出方法检出限时，玻璃纤维滤膜可用超纯水超声处理 2 ～5 min，在洁净环境中晾干，并在干燥器中平衡 24 h 后使用。处理后的滤膜应放入冰箱冷藏并在 7 天内使用。

（3）每次提取完样品的烧杯应用去离子水冲洗至少 3 次，装满去离子水后超声清洗 15 min，再用去离子水冲洗 3 次后烘干。避免样品交叉污染。

（4）用离子色谱仪器进行分析时，每次开关机和换淋洗液时都应重做标准系列，避免仪器状态不同造成的误差，同时保证淋洗液不小于 200 mL。

（5）在使用超声波清洗器时，禁止在水槽无水的情况下开机。清洗器水槽内加入的水量不应超过总深度的 2/3。

（6）同一批样品尽可能从低浓度到高浓度依次分析。

九、结果分析和讨论

（1）大气颗粒物中的无机水溶性离子组分浓度高低的顺序是什么？

（2）大气颗粒物中的无机水溶性离子还可以用什么方法测定？与这些方法相比，离子色谱法有什么优势？

实验五　大气颗粒物中含碳组分的测定

一、概述

大气颗粒物中的含碳组分，包括有机碳（organic carbon，OC）、元素碳（elemental carbon，EC）和少量碳酸盐，它们在颗粒物中占有很高的比重，尤其是在细颗粒物和超细颗粒物中所占的比重更大。OC 和 EC 由于其独特的物理和化学性质，对人体健康、大气能见度和全球气候变化等都有着重要的影响，是当前国际大气化学研究的热点之一。大气颗粒物中的 OC 可分为一次有机碳（primary organic carbon，POC）和二次有机碳（secondary organic carbon，SOC）。POC 是由排放源直接排放进入大气，而 SOC 则是由于挥发性有机物（volatile organic compounds，VOCs）的光化学反应所生成的低挥发性产物凝结而成（即气粒转化）以及大气非均相反应生成。值得注意的是，OC 仅占有机气溶胶（organic aerosol，OA）的一部分，其余的是氢、氧和氮元素等，由于我们通常测量的是碳组分，因此 OC 是代表气溶胶中有机物浓度水平的一个指标。EC 又称为黑碳（black carbon，BC），主要来自与燃烧过程相关的排放，具有独特的物理性质，如强烈的可见光吸收、难溶于水和普通有机溶剂、难熔或有较高的挥发温度（将近 4000 K）。此外，大气颗粒物中还有少量的碳酸盐（$<5\%$），在城市环境大气中通常可以忽略不计。

二、实验目的

掌握测定大气颗粒物中有机碳和元素碳质量浓度的方法，分析其浓度变化和污染特征，解析大气颗粒物污染来源和成因。

三、实验原理

准确测量大气颗粒物中 OC 和 EC 的浓度水平，是研究颗粒物含碳组分污染来源、转化过程及评估其环境效应的前提。目前，含碳组分常用的测量方法有热分解法、热光法（thermal-optical method）和光学法，这些方法的总碳测定结果呈现良好的一致性。本实验采用热光法分析大气颗粒物中含碳组分。

热光法基本原理（以 Sunset Lab Inc. 生产的气溶胶 OC/EC 分析仪为例）：样品在非氧化的高纯氦（He）载气环境中逐级升温，经分解挥发出来的碳主要为 OC，同时还有部分 OC 被炭化（炭化碳，PC）；然后在 He/O_2 环境条件下逐级升温，经氧化分解出来的碳为 PC 和 EC 的总和。在样品分析的整个过程中，一束激光照射于样品滤膜上，在

OC 炭化时该激光的透射光（或者反射光）强度将会逐渐减弱，而在 He/O_2 阶段升温时，随着 PC 和 EC 的氧化分解，该激光的透射光（或者反射光）则逐渐增加。当透射光（或者反射光）强度恢复到起始强度时，定义此刻为 OC 和 EC 的分割点，即该时刻之前检测到的碳量为 OC（等于无氧阶段逃逸的 OC + PC），而其后检测到的碳量为 EC（图 1 – 5 – 1）。

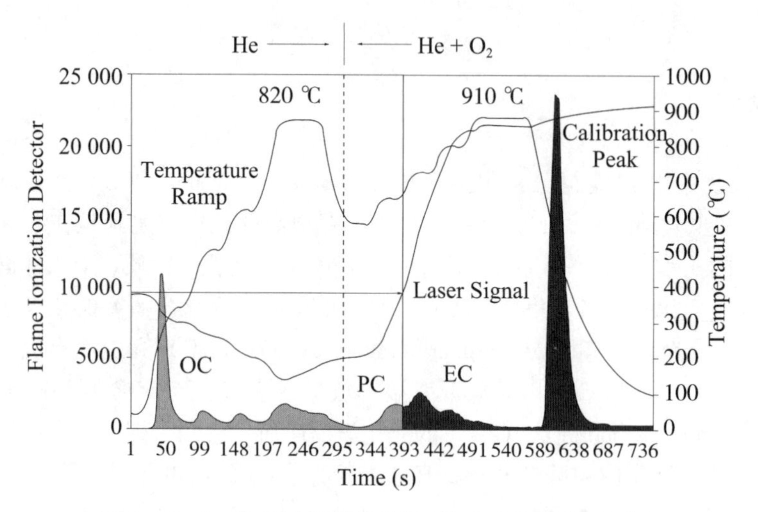

图 1 – 5 – 1　热光法透射光分析 OC 和 EC 的热图示例

四、实验仪器和材料

1. 实验仪器

大气颗粒物 OC/EC 分析仪（Model 5 L，Sunset Lab Inc.，美国）。

2. 实验材料

（1）蔗糖标准溶液：取分析纯蔗糖 10 g，用超纯水定容至 1000 mL，此时的蔗糖标准溶液浓度为 4.21 μg C/μL。

（2）高纯氦气：纯度≥99.999%。

（3）氦氧混合气：氦气 90% + 氧气 10%。

（4）氢气：纯度≥99.999%。

（5）氦气 – 甲烷混合气体：氦气 95%、甲烷 5%。

（6）移液枪：0.1 ～ 2.5 μL。

（7）夹膜专用镊子和无尘纸等。

五、实验方法和步骤

1. 开机前检查

将各气瓶二级压力表调整至20 psi；检查氢气发生器的水位情况，如水位较低，则需加入一定量的蒸馏水或去离子水；开启氢气发生器。

2. 开机

打开OC/EC分析仪主机（Sunset Lab，Model 5 L）电源开关后，双击桌面上的软件快捷方式，打开数据采集软件，待流量显示稳定后，再开启氧化炉开关及还原炉开关。按动火焰离子化检测器（FID）箱上的点火按钮，伴随点火时有轻轻的“砰”一声，软件上的FID信号上升至0.01以上，接着点击软件上“CLICK Here when FID flame lights”选项关掉提示框。

3. 空白实验

分析样品前，首先运行清洗石英炉程序，以确保仪器空白结果符合测定要求。

4. 装载样品

装载样品滤膜时，先用左手扶住前炉密封帽，右手拧开夹子，取下前炉密封帽，固定在托盘上。使用防滑镊子将样品舟取出固定在支架上，使用切膜器截取合适的滤膜，使用另一个金属镊子夹至样品舟上，再用防滑镊子将样品舟移至氧化炉内，装上前炉密封帽，拧紧夹子。

5. 样品分析

运行软件分析样品步骤：

（1）在Sample ID中输入自己可辨认的ID，英文或数字均可。

（2）在Parameters file后的“…”点击选择所需分析方法。

（3）在Output Raw Data File中选择输出数据文件的路径及文件名；Analyst中输入分析者的名称，Puch Area中选择1.5 cm^2（目前样品舟及切膜器使用的是1.5 cm^2）。

（4）最后点击“Start Analysis”即可，等待软件自动分析完成。

6. 关机

样品分析完毕之后，先将软件关闭，然后依次关闭还原炉开关、主机 Oven 开关和主机开关，最后关闭氢气发生器及各气瓶阀门。

六、结果计算

软件输出的数据文件为“. txt”文本格式的原始信号值文件，需用使用数据处理软件“Calc426”进行数据处理，才会输出 Excel 格式的数据。双击打开“Calc426”软件，进入就会提示选择数据文件。选择文件后，点击“Calculate first sample”计算第一个样品图谱，在软件右侧就可以看到样品的 OC 和 EC 值和甲烷峰面积等信息。

由于仪器给出的浓度是碳元素的绝对浓度 C_1，我们需要反算回大气中的含碳组分浓度 C_0。计算公式如下：

$$C_0 = \frac{C_1 \cdot S_0 / S_1}{V} \tag{1-5-1}$$

式中，C_0 为含碳组分 OC 或 EC 在大气颗粒物中的实际浓度，单位为 μgC/m^3；C_1 为含碳组分 OC 或 EC 在滤膜上的绝对浓度，单位为 μgC；S_0 为滤膜实际采样面积，单位为 cm^2；S_1 为进样面积，单位为 cm^2；V 为气体采样体积，单位为 m^3。

七、质量控制和质量保证

1. 标准样品分析

每次测试需做蔗糖标准样品分析。

2. 系统空白

每次开机后，需做一次系统空白，系统空白的总碳量应该控制在 0 ～1. 0 μg/cm^2。

3. 参数校正

每半年进行一次系统参数校正。使用 5% CH_4/95% He 和蔗糖标准溶液进行定标。

4. 重复测试

每 10 个样品做一次重复测试，重复测试的 OC 和 EC 质量浓度值的标准偏差需分别在 5% 以内，总碳浓度的标准偏差在 10% 以内。

八、结果分析和讨论

（1）根据监测结果，分析 OC 和 EC 的相关性并讨论其意义；计算 OC/EC 比值并讨论该比值所代表的含义？

（2）热光法测定 OC 和 EC 的分割点受到哪些因素的影响？

实验六　大气颗粒物中黑碳浓度的在线测定

一、概述

黑碳（black carbon，BC）气溶胶是大气气溶胶颗粒物中最主要的吸光物质，它在可见到红外波段范围内对太阳辐射均有强烈的吸收作用，对气溶胶总的光吸收贡献达90%以上，是引起大气能见度恶化的重要原因，对区域空气质量和气候均产生重要影响。BC还能参与大气化学反应，比如作为发生非均相化学反应的场所来加剧大气环境污染。BC属于污染排放的一次大气污染物。在污染地区，以亚微米颗粒为主的黑碳气溶胶上往往大量吸附多环芳烃等有机致癌物质，可以直接进入人体呼吸系统，严重影响和危（毒）害环境及人体健康。因此，黑碳气溶胶现已成为大气污染监测与研究的重要指标。目前，实时在线的黑碳监测仪是获取大气黑碳质量浓度数据的最主要测量手段。

二、实验目的

学会利用光衰减法实时监测大气中黑碳气溶胶的质量浓度；通过分析监测结果，了解黑碳气溶胶的浓度水平、光学性质、来源和环境气候效应。

三、实验原理

1. 比尔－朗伯定律

光在介质中传播，其强度会随之衰减，这种衰减遵循Beer-Lambert定律：

$$\frac{I_\lambda}{I_{\lambda 0}} = e^{-A_\lambda} \tag{1-6-1}$$

式中，$I_{\lambda 0}$为光源的入射光强，波长为λ_0；I_λ为经过介质后的光强，波长为λ；A_λ为介质的光学厚度。

对于黑碳气溶胶样品构成的介质而言，光学厚度A_λ与黑碳气溶胶的量以及入射波长有关：

$$A_\lambda = k_\lambda MBC \tag{1-6-2}$$

式中，k_λ为黑碳气溶胶的质量吸收系数（截面积），单位为cm^2/g；MBC为介质中的黑碳密度，单位为g/cm^2。

2. 光学衰减法测量原理

尽管黑碳气溶胶的物理和化学状态复杂，但是仍可以通过一定的物理或化学方法测量其在大气中的含量。黑碳气溶胶中的大多数碳原子的化学键状态是石墨六元环或近似石墨六元环，存在大量的 π 键电子。因此，在特定情况下，黑碳气溶胶表现出游离碳的特征，能在很宽的波长范围内有效地吸收入射电磁波（光子）。游离碳是已知的具有最宽泛连续吸收光谱的物质之一，其吸光能力与入射电磁波的波长成反比，其在波长 550 nm 处的质量吸收系数约为 10 m^2/g。黑碳仪利用黑碳气溶胶的吸收特性，通过测量气溶胶样品的光学衰减量，确定大气中黑碳气溶胶的含量，即光学衰减测量方法，也是最简单的光学测量方法。

根据 Beer-Lambert 定律，当一束光透过一个收集空气样品颗粒物的光学纤维滤膜时所引起的光学衰减 ATN 为：

$$ATN = 100\ln\frac{I_0}{I} \tag{1-6-3}$$

式中，I_0 为透过原来滤膜或者透过滤膜空白部分的光强；I 为透过收集有气溶胶样品的部分滤膜的光强。

利用透光均匀的光学纤维滤膜采集大气气溶胶的样品，并用固定波长的单色光（波长为 λ）测定光学衰减 ATN_λ，当采用膜上黑碳气溶胶颗粒的尺度小于波长尺度参数 $2\pi\lambda$ 时，黑碳气溶胶的沉积量 MBC 与光学衰减系数 ATN_λ 存在如下线性关系：

$$ATN_\lambda = \sigma_\lambda MBC \tag{1-6-4}$$

四、实验仪器和材料

1. 实验仪器

黑碳仪主要由进气系统、滤带控制系统、光学测试系统、质量监测系统、存储单位、电路控制单元等组成，常用 BC 测量仪如美国 Magee 公司生产的黑碳仪（型号：AE－33），其外观如图 1－6－1 所示。通过连续采集石英滤膜上的颗粒物来测定光的衰减，根据黑碳气溶胶在 370 nm、470 nm、520 nm、590 nm、660 nm、880 nm 和 950 nm 波段对光的吸收特性和透射光的衰减程度，获得黑碳气溶胶的浓度。黑碳气溶胶的浓度主要是在 880 nm 波长处测得，但多波段连续测量可以更好地获得气溶胶光学吸收、光学特性、辐射传输、排放源及源解析等多方面信息。

图 1－6－1　黑碳仪

2. 实验材料

（1）滤带：带有聚四氟乙烯涂层的玻璃纤维膜。
（2）粒径切割器：建议采用 $PM_{2.5}$－SCC－1.829 型，流速为 5 L/min。
（3）不锈钢管。
（4）连接头。
（5）无水乙醇。
（6）镊子等。
（7）气体流量计：300～30000 mL/min。

五、实验方法和步骤

1. 仪器安装

（1）黑碳仪安装前，应检查仪器外观和电源接头等处是否由于运输或者搬动造成了松动和损坏，特别重要的是要检查仪器的电压设置是否与当地的电源电压一致。

（2）仪器主机水平置于室内工作台或者仪器机架上，避免震动和强电磁环境。

（3）连接采样进气管路，尽量不要弯折，如需要弯折，需考虑进气管到黑碳仪的距离以及尽量平滑的弯折。颗粒物切割器需垂直向上，放置于室外并固定，并做好防雨和防虫等。

（4）用标准 RS232 连接线连接数据接口，安装黑碳仪控制的专门软件，定时下载数据。

（5）仪器主机连接带不间断电源（UPS）的供电线路。

2. 操作步骤

（1）开机，仪器自动启动，大约 5 min 后开始采集数据，仪器预热 30 min 时间，信

号基线趋于平稳。

（2）更改设置。打开开关，显示屏亮。按任意键进入主菜单中最上面的【操作】选项。按【↓】键浏览下一个菜单【更改系统设置】，按【ENTER】键进入，用【↓】键浏览菜单选项，按【ENTER】键确定选项。这些选项包括【日期和时间】、【测量周期】（通常设为1～5 min）和【流量】（通常2～5 LPM）等选项，使用【→】和【←】方向键改变设置，按ENTER键确定选择，按ESC键可退出参数设置。退出参数设置时，须确认保存更改的参数设置。Magee公司的AE－3系列不同型号设置的界面略有不同，可以参考仪器的使用说明书具体设置。

（3）滤带进位到新采样点。持续向上按【滤带进位】键15 s，仪器接受命令后，需要约1 min驱动滤带进位，再经过约1 min后，数据趋于平稳。

（4）关掉电源，软盘或硬盘中的数据文件只记录下关机前的测量数据，没有报告文件生成。

六、实验结果分析

1. 实验使用

实验使用Magee公司黑碳仪（型号：AE－33），观测350～950 nm 7个波段的光学吸收数据。

2. 数据处理和分析

通常我们需要的数据包括采样时间和黑碳气溶胶的质量浓度两个数据，分辨率常设置为5 min。导出数据之后，根据实际需要对黑碳气溶胶浓度数据进行处理，包括时间序列分析，昼夜变化趋势以及相关性分析等。

七、注意事项

1. 日常维护和巡视检查

随时检查仪器时间、流量、黑碳气溶胶的质量浓度与计算机显示记录是否一致，检查数值是否在正常范围内，如出现异常值，应做好记录，注意查看周围环境是否有明显的局地源污染等情况并做好记录。

2. 清洗采样切割器和进气管路

视监测点大气污染状况，定期清洗采样切割器和进气管路。

3. 更换滤带

视监测点大气污染状况及滤带剩余情况，及时更换滤带。

4. 清洗光学测试腔

视监测点大气污染状况，定期清洗光学测试腔。

5. 定期做仪器校准

定期做仪器校准包括零点检测、光学测试及流量校准等。

八、结果分析和讨论

（1）根据测量数据，与大湾区典型城市地区 BC 浓度值对比，分析其浓度水平？与我国和全球其他城市相比处于什么水平？

（2）对 BC 做昼夜变化趋势图，可以发现什么样的特征？尝试解释这个变化特征。

参考文献

[1] 国家环境保护总局空气和废气监测分析方法编委会. 空气和废气监测分析方法［M］. 4 版. 北京：中国环境科学出版社，2010.

[2] 亓鲁，陈敏东，马嫣. 大气气溶胶中痕量金属元素的研究进展［J］. 环境监测管理与技术，2015，27（4）：13－17.

[3] 喻道军，邓丽丽，王萍，等. ICP-MS 检测大气 $PM_{2.5}$中多种元素方法研究［J］. 沈阳医学院学报，2019，21（5）：443－445.

[4] 全国化学标准化技术委员会. 化学试剂电感耦合等离子体质谱分析方法通则：GB/T 39486—2020［S］. 2020－11－19.

[5] 全国教育装备标准化技术委员会化学分技术委员会. 电感耦合等离子体质谱分析方法通则：JY/T 0568—2020［S］. 2020－09－29.

[6] 陈微. 离子色谱法测定大气颗粒物和饮用水中无机水溶性离子和有机酸的研究［D］. 衡阳：南华大学，2020.

[7] 生态环境部环境监测司、法规与标准司. 环境空气降水中阳离子（Na^+、NH_4^+、K^+、Mg^{2+}、Ca^{2+}）的测定离子色谱法：HJ 1005—2018［S］. 北京：中国环境出版集团，2018－12－26.

[8] 国家环境保护局. 大气降水中氟、氯、亚硝酸盐、硝酸盐、硫酸盐的测定离子色谱法：GB 13580. 5—92［S］. 北京：中国标准出版社，1992.

[9] 环境保护部科技标准司. 环境空气　颗粒物中水溶性阴离子（F^-、Cl^-、Br^-、

NO_2^- 、NO_3^- 、PO_4^{3-} 、SO_3^{2-} 、SO_4^{2-} ）的测定离子色谱法：HJ 799—2016 ［S］. 北京：中国环境科学出版社，2016.
［10］环境保护部科技标准司. 环境空气质量标准：GB 3095—2012 ［S］. 北京：中国环境科学出版社，2012.
［11］全国气候与气候变化标准化技术委员会大气成分观测预报预警服务分技术委员会. 大气气溶胶碳组分膜采样分析规范：QX/T 508—2019 ［S］. 北京：气象出版社，2019.
［12］环境保护部科技标准司. 环境空气 PM_{10} 和 $PM_{2.5}$ 的测定重量法：HJ 618—2011 ［S］. 北京：中国环境科学出版社，2011.
［13］生态环境部环境监测司、法规与标准司. 环境空气中颗粒物（PM_{10} 和 $PM_{2.5}$）β 射线法自动监测技术指南：HJ 1100—2020 ［S］. 北京：中国环境出版集团，2020.
［14］黑碳仪（Aethalometer）说明书［Z］. 美国 Magee 科技，2005.

第二章

大气中无机化学组分及污染物的测定实验

实验一　大气中二氧化硫的测定

一、概述

二氧化硫（SO_2）的沸点和熔点分别为 -10 ℃和 -76.6 ℃，无色但有刺激性气味，毒性不大，是大气中常见的一种污染物，也是环境空气质量的常规监测要素之一。SO_2 在大气中容易被羟基自由基氧化生成三氧化硫（SO_3），再迅速与水发生反应，生成气态硫酸（H_2SO_4），而硫酸则是大气中酸雨的主要成分。一方面，气态硫酸可以通过均相及非均相成核作用生成硫酸盐气溶胶，在大气中形成酸性烟雾及酸性降水而对环境及生态系统造成危害；另一方面，硫酸盐气溶胶对气候变化主要起负辐射强迫作用，部分抵消了由于温室气体造成的正辐射强迫效应。因此，二氧化硫排放所造成的大气污染及其转化生成的硫酸盐气溶胶对气候变化的影响不容忽视。

大气中二氧化硫的主要来源包括人为来源和天然来源（如火山喷发排放），其中人为来源是造成大气二氧化硫污染的主要来源，特别是含硫物质的燃烧（包括工业、燃煤发电厂等）及生物质燃烧等。大气中二氧化硫主要通过干、湿沉降或者转化为硫酸或硫酸盐从大气中消除。清洁大气中二氧化硫的背景浓度通常在 4.46×10^{-8} mol/m^3 以下，污染大气中的二氧化硫浓度可以高达 4.46×10^{-8} mol/m^3 的几十倍，它在大气中的生命周期一般为 1 天左右。

二、实验目的

学会用分光光度法测定大气中二氧化硫浓度的操作方法和实验步骤；了解大气中二氧化硫浓度的在线监测原理并与分光光度法进行比较。通过测定二氧化硫的浓度了解其在大气中的主要排放源、污染程度及严重性，提高控制二氧化硫排放的环保意识。

三、实验原理

环境空气中二氧化硫的测量方法主要有分光光度法、恒电位电解法及紫外荧光法。前面两种方法为国标法，后面一种常用于自动监测系统。其中，分光光度法根据使用不同的缓冲溶液又分为甲醛法（采用甲醛缓冲溶液作为吸收液）和四氯汞钾法（采用四氯汞钾缓冲溶液作为吸收液）。这里主要介绍甲醛法和紫外荧光法原理。

1. 甲醛法

空气中二氧化硫被甲醛吸收后，生成稳定的羟基甲磺酸加成化合物。在样品溶液中加入氢氧化钠使加成化合物分解，释放出的二氧化硫与盐酸副玫瑰苯胺（PRA）、甲醛作用，生成紫红色化合物，于577 nm波长处用分光光度计测定吸光度，然后根据公式计算溶液中被吸收的二氧化硫的量及空气中二氧化硫的浓度。本方法适宜浓度测定范围为0.003～1.07 mg/m^3，最低检出限为0.2 μg/10 mL。主要干扰物为氮氧化物、臭氧及某些重金属元素。加入氨基磺酸钠可消除氮氧化物的干扰；采样后放置一段时间可使臭氧自行分解；加入磷酸及环己二胺四乙酸二钠盐可以消除或减少某些重金属离子的干扰。

2. 紫外荧光法

样品空气以恒定的流量通过颗粒物过滤器进入仪器反应室，二氧化硫分子受波长200～220 nm的紫外光照射后产生激发态二氧化硫分子，返回基态过程中发出波长240～420 nm的荧光，在一定浓度范围内样品空气中二氧化硫浓度与荧光强度成正比。

按照《环境空气　二氧化硫的自动测定　紫外荧光法》（HJ 1044—2019）进行测定，这里仅介绍甲醛法。

四、实验仪器和试剂

1. 甲醛法仪器

（1）分光光度计：可见光波长380～780 nm。

（2）U型多孔玻板吸收管：10 mL，用于短时间采样。

（3）U型多孔玻板吸收瓶：50 mL，用于24 h连续采样。

（4）恒温水浴槽：温度误差应不大于0.5 ℃。

（5）具塞比色管：10 mL，15支。

（6）空气采样器：小流量空气采样器，流量范围0～1 L/min。

采样器应在采样前进行气密性检查和流量校准。吸收器的阻力和吸收效率应满足技术要求。

2. 甲醛法用试剂

（1）氢氧化钠溶液配制：称取6.0 g NaOH，溶于100 mL水中，配制成1.5 mol/L的氢氧化钠溶液。

（2）环己二胺四乙酸二钠溶液（CDTA-2Na）配制：称取1.82 g反式1，2-环己

二胺四乙酸（简称CDTA），加入6.5 mL 1.5 mol/L 氢氧化钠溶液，用水稀释至100 mL。

（3）甲醛缓冲吸收液贮备液配制：将5.5 mL 36%～38%的甲醛溶液加入20.00 mL CDTA－2Na溶液和2.04 g邻苯二甲酸氢钾混合，再用水稀释至100 mL，贮于冰箱可保存1年。

（4）甲醛缓冲吸收液配制：用水将甲醛缓冲吸收液贮备液稀释100倍而成。

（5）盐酸副玫瑰苯胺（PRA）使用液配制：称取0.20 g副玫瑰苯胺（纯度应达到副玫瑰苯胺提纯及检验方法的质量要求）溶于100 mL水中作为贮备液。吸取经提纯的PRA贮备液20 mL于100 mL容量瓶中，加30 mL 85%的浓磷酸，10 mL浓盐酸，用纯水稀释至标线，摇匀，放置过夜后使用。避光密封保存。

（6）氨磺酸钠溶液配制（0.006 g/mL）：称取0.60 g氨磺酸放置于100 mL烧杯中，加少量纯水溶解，转移至100 mL容量瓶中，加入4.0 mL 1.5 mol/L 氢氧化钠溶液，用水稀释定容，摇匀。此溶液密封保存可用10天。

（7）碘酸钾标准溶液配制（1/6 KIO_3 =0.1000 mol/L）：称取0.3566 g碘酸钾（优级纯，经110 ℃干燥2 h）溶于纯水，移入100 mL容量瓶中，用纯水稀释定容，摇匀。

（8）盐酸溶液配制（1.2 mol/L）：量取10 mL浓盐酸置于100 mL容量瓶中，用纯水稀释至标线，摇匀待用。

（9）淀粉溶液配制（0.10 mol/L）：称取0.5 g可溶性淀粉，用少量纯水调成糊状，慢慢倒入100 mL沸水中，继续煮沸至溶液澄清，冷却后贮于试剂瓶中。现用现配。

（10）硫代硫酸钠贮备液配制（0.10 mol/L）：称取12.5 g硫代硫酸钠（$Na_2S_2O_3 \cdot 5H_2O$），溶于500 mL新煮沸但已冷却的水中，再加入0.1 g无水碳酸钠，混合后贮于棕色细口瓶中，放置一周后备用。如溶液呈现混浊，则需过滤后再使用。

（11）硫代硫酸钠标准溶液配制及标定（0.010 mol/L）：取50 mL硫代硫酸钠贮备液置于500 mL容量瓶中，用新煮沸但已冷却的水稀释定容，摇匀。

硫代硫酸钠标准溶液标定：吸取3份10 mL碘酸钾标准溶液分别置于250 mL碘量瓶中，分别加入80 mL新煮沸但已冷却的水和1.2 g碘化钾，振摇至完全溶解后，再加入10 mL 1.2 mol/L盐酸溶液，立即盖好瓶塞，摇匀并于暗处放置5 min，然后用硫代硫酸钠贮备液滴定溶液至浅黄色，加2 mL淀粉溶液，继续滴定溶液至蓝色刚好褪去为终点，记录消耗体积V，按照公式（2－1－1）计算硫代硫酸钠标准溶液浓度：

$$c = \frac{0.1000 \times 10.00}{V} \qquad (2-1-1)$$

式中，c为硫代硫酸钠标准溶液的浓度，单位为mol/L；V为滴定所耗硫代硫酸钠溶液的体积，单位为mL。

（12）乙二胺四乙酸二钠盐（EDTA－2Na）溶液（0.5 g/L）：称取0.25 g EDTA二钠盐溶于500 mL新煮沸但已冷却的水中。

（13）碘贮备液制备（0.10 mol/L）：称取3.175 g碘（I_2）于烧杯中，加入10 g碘化钾和25 mL水，搅拌至完全溶解，用水稀释至250 mL，贮存于棕色细口瓶中。

（14）碘溶液制备（0.01 mol/L）：量取碘贮备液50 mL，用水稀释至500 mL，贮于棕色细口瓶中。

（15）亚硫酸钠溶液（1 g/L）及含硫质量浓度标定：称取 0.500 g 亚硫酸钠（Na_2SO_3），溶于上述 500 mL EDTA－2Na 溶液中，缓缓摇匀以防氧气进入，使其溶解。放置 2～3 h 后标定。此溶液每毫升相当于 320～400 μg 二氧化硫。

含硫质量浓度标定：吸取 3 份 20.0 mL 上述亚硫酸钠溶液，分别置于 250 mL 碘量瓶中，分别加入 50 mL 碘溶液及 1 mL 冰乙酸，盖塞，摇匀于暗处放置 5 min，然后用硫代硫酸钠标准溶液滴定溶液至浅黄色，加入 2 mL 淀粉溶液，继续滴定至溶液蓝色刚好褪去为终点。记录滴定硫代硫酸钠标准溶液的体积 V_1。另吸取 3 份 20.0 mL EDTA－2Na 溶液，用同法进行空白实验，记录滴定硫代硫酸钠标准溶液的体积 V_0。平行样滴定所耗硫代硫酸钠标准溶液体积之差应不大于 0.05 mL。取 3 次实验平均值。含硫质量浓度按照公式（2－1－2）计算：

$$\rho = \frac{(\overline{V_0} - \overline{V_1}) \times c \times 32.02 \times 1000}{20} \tag{2-1-2}$$

式中，ρ 为含硫质量浓度，单位为 μg/mL；$\overline{V_0}$为空白滴定所耗硫代硫酸钠标准溶液的体积均值，单位为 mL；$\overline{V_1}$为滴定所耗硫代硫酸钠标准溶液的体积均值，单位为 mL；c 为硫代硫酸钠标准溶液的浓度，单位为 mol/L；

（16）二氧化硫标准贮备溶液的制备：吸取 2.00 mL 亚硫酸钠溶液加入一个已盛有 40～50 mL 甲醛吸收液的 100 mL 容量瓶中，再以甲醛吸收液稀释定容、摇匀。此溶液即为二氧化硫标准贮备溶液，可在 4～5 ℃稳定存储 6 个月。此浓度与 ρ 相比，稀释了 50 倍。

（17）二氧化硫标准溶液的制备（1.00 μg/mL）：用甲醛吸收液将上述制得的二氧化硫标准贮备溶液稀释成 1.0 μg/mL 二氧化硫的标准溶液。此溶液用于绘制标准曲线，可在 4～5 ℃稳定存储 1 个月。

（18）盐酸－乙醇清洗液制备：由三份盐酸溶液和一份 95% 乙醇混合配制而成，用于清洗比色管和比色皿。

五、实验方法和步骤

1. 采样

（1）短时间采样：采用内装 10 mL 吸收液的多孔玻板吸收管，以 0.5 L/min 流量采集 45～60 min。吸收液温度保持室温。

（2）24 h 连续采样：采用内装 50 mL 吸收液的多孔玻板吸收瓶，以 0.2 L/min 流量连续采样 24 h。吸收液温度保持室温。

（3）现场空白：将装有吸收液的采样管带到采样现场，除了不采气之外，其他环境条件与样品相同。

2. 标准曲线绘制

取 14 支 10 mL 具塞比色管，分 A、B 两组，每组 7 支，分别对应编号。A 组按

表2-1-1配制标准曲线。

表2-1-1 二氧化硫标准色列

管号	0	1	2	3	4	5	6
二氧化硫标准溶液Ⅱ（mL）	0	0.50	1.00	2.00	5.00	8.00	10.00
甲醛缓冲吸收液（mL）	10.00	9.50	9.00	8.00	5.00	2.00	0
二氧化硫含量（μg/10 mL）	0	0.50	1.00	2.00	5.00	8.00	10.00

在A组各管中分别加入0.5 mL氨磺酸钠溶液和0.5 mL氢氧化钠溶液，混匀；在B组各管中分别加入1.00 mL PRA溶液。

将A组各管溶液迅速、全部倒入对应编号并盛有PRA溶液的B管中，立即加塞混匀后放入恒温水浴装置中显色。在波长577 nm处，用10 mm比色皿，以水为参比测量吸光度。以空白校正后各管吸光度为纵坐标，以二氧化硫质量浓度（μg/10 mL）为横坐标，用最小二乘法建立校准曲线的回归方程。

最小二乘法计算校准曲线的回归方程为：

$$Y = bX + a \tag{2-1-3}$$

式中，$Y=(A-A_0)$，为校准溶液吸光度A与试剂空白吸光度A_0之差；X为二氧化硫含量，单位为μg；b为回归方程的斜率（吸光度/μg，SO_2 12 mL）；a为回归方程的截距。

当以$A-A_0$计算时，零点（0，0）应参加回归计算，$n=7$。

显色温度与室温之差不应超过3 ℃。根据季节和环境条件按表2-1-2选择合适的显色温度与显色时间，同时记录试剂空白吸光度A_0。

表2-1-2 显色温度与显色时间

显色温度（℃）	10	15	20	25	30
显色时间（min）	40	25	20	15	5
稳定时间（min）	35	25	20	15	10

3. 样品测定

（1）样品溶液中如有混浊物，则应离心分离除去。

（2）样品放置20 min，使臭氧充分分解。

（3）短时间采集的样品：将吸收管中的样品溶液移入10 mL比色管中，用少量甲醛吸收液洗涤吸收管，洗液并入比色管中并稀释至标线。加入0.5 mL氨基磺酸钠溶液，混匀，放置10 min以除去氮氧化物的干扰，以下步骤同校准曲线的绘制。

（4）连续24 h采集的样品：将吸收瓶中样品移入50 mL容量瓶（或比色管）中，用少量甲醛吸收液洗涤吸收瓶后再倒入容量瓶（或比色管）中，并用吸收液稀释至标线。吸取适当体积的试样（视浓度高低而决定取2～10 mL）于10 mL比色管中，用吸收液稀释定容，再加入0.5 mL氨基磺酸钠溶液，混匀，放置10 min以除去氮氧化物的干扰，以下步骤同标准曲线的绘制。

六、质量保证与质量控制

（1）采样时吸收液的温度保持室温（23～29 ℃），吸收效率为100%；10～15 ℃时，吸收效率可降低5%；高于33 ℃或低于9 ℃时，吸收效率降低10%。

（2）每批样品至少测定2个现场空白。

（3）若显色温度低，则显色慢，稳定时间长；若显色温度高，则显色快，稳定时间短。操作人员必须了解显色温度、显色时间和稳定时间的关系，严格控制反应条件。

（4）在给定条件下标准曲线斜率应为0.042±0.004，试剂空白吸光度 A_0 在显色规定条件下波动范围不超过±15%。

七、采样记录

采样记录见表2-1-3。

表2-1-3　大气中二氧化硫测定的采样记录

采样日期	时间	采样时长（min）	吸收液体积（mL）	采样流量（mL/min）	二氧化硫浓度	
					（mg/m³）[a]	（ppbv）[b]

注：a，甲醛法；b，紫外荧光法。

八、注意事项

（1）显色温度、显色时间的选择及操作时间的掌握是本次实验成败的关键。应根据实验室条件、不同季节的室温选择适宜的显色温度及时间。测定样品时的温度与绘制校准曲线时的温度之差不应超过2 ℃。

（2）显色反应需在酸性溶液中进行，故应将A管中溶液倒入B管中（强酸性），如果按一般的操作顺序，将PRA溶液加到碱性的A管溶液中，测定精度很差。

（3）当空气中二氧化硫浓度高于测定上限时，可以适当减少采样体积。

（4）如果样品溶液的吸光度超过标准曲线的上限，可用试剂空白液稀释，在数分钟内再测定吸光度，但稀释倍数不要大于6。

（5）样品采集、运输和贮存过程中应避免阳光照射。

（6）放置在室（亭）内的24 h连续采样器，进气口应连接符合要求的空气质量集

中采样管路系统，以减少二氧化硫进入吸收瓶前的损失。

（7）多孔玻板吸收管的阻力为（6.0 ±0.6）kPa，2/3 玻板面积发泡均匀，边缘无气泡逸出。

（8）具塞比色管、试管用 1 +1 盐酸溶液洗涤，比色皿用 1∶4 盐酸液加 1/3 体积乙醇的混合液洗涤。用过的比色皿、比色管应及时用酸洗涤，否则红色难以洗净。六价铬能使紫红色络合物褪色，产生负干扰，故应避免用硫酸 – 铬酸洗液洗涤玻璃器皿。

九、结果计算

大气中二氧化硫的质量浓度，按照公式（2 –1 –4）计算：

$$\rho = \frac{(A - A_0 - a)}{b \times V_s} \times \frac{V_t}{V_a} \tag{2-1-4}$$

式中，ρ 为空气中二氧化硫的质量浓度，单位为 mg/m^3；A 为样品溶液的吸光度；A_0 为试剂空白溶液的吸光度；b 为校准曲线的斜率，为吸光度 · 10 mL/μg；a 为校准曲线的截距（一般要求小于 0.005）；V_t 为样品溶液的总体积，单位为 mL；V_a 为测定时所取试样的体积，单位为 mL；V_s 为换算成标准状态下（101.325 kPa，273 K）的采样体积，单位为 L。

计算结果准确到小数点后三位。

十、结果分析和讨论

（1）为什么操作过程中要将 A 管溶液倒入 B 管中进行显色反应。反之是否可以，为什么？

（2）影响测定误差的主要因素有哪些，应如何减少误差？

实验二　大气中氮氧化物的测定

一、概述

大气中常见的含氮化合物有以气态形式存在的一氧化氮（NO）、二氧化氮（NO_2）、亚硝酸（HNO_2）、硝酸（HNO_3）以及一氧化二氮（N_2O）等，有以离子形式存在于气溶胶和降水中的 NO_3^-、NO_2^-、NH_4^+ 等，也有常温常压下以固态形式存在的五氧化二氮（N_2O_5）等。大气中的氮氧化合物（NO_x），通常是指一氧化氮（NO）和二氧化氮（NO_2），即 $NO_x = NO + NO_2$。NO（分子量 30.01）为无色、无臭、微溶于水的气体，在大气中易被氧化生成 NO_2；NO_2（分子量 46.01）为棕红色气体，具有强烈刺激性臭味，是引起支气管炎等呼吸道疾病的有害物质。NO_x 主要来源于石化燃料高温燃烧和硝酸、化肥等生产排放的废气，以及机动车排放的尾气。在大气中，NO_x 经过一系列物理化学过程可转化成硝酸和硝酸盐，随着降水和降尘从空气中去除，而硝酸则是酸雨的主要成分之一，也是光化学烟雾污染的主要组成之一。大气中的 NO 和 NO_2 可以分别测定，也可以测定二者的总量。

二、实验目的

了解盐酸萘乙二胺分光光度法和化学发光法测定大气中氮氧化物的原理；了解大气采样器的结构，学会运用溶液吸收富集采样方法采集大气中的污染物。掌握盐酸萘乙二胺分光光度法测定大气中氮氧化物的方法和实验步骤。

三、实验原理

测量大气中氮氧化物的方法有盐酸萘乙二胺分光光度法、化学发光法、传感器法和库仑原电池法等，这里只介绍前面两种常用的方法。

1. 盐酸萘乙二胺分光光度法

在测定氮氧化物浓度时，首先用三氧化铬（CrO_3）将一氧化氮氧化成二氧化氮。二氧化氮被溶液吸收后，生成亚硝酸和硝酸，其中，亚硝酸与对氨基苯磺酸发生氮化反应，再与盐酸萘乙二胺发生偶合反应，生成玫瑰红色偶氮颜料，用分光光度法定量溶液中的二氧化氮浓度。因 NO_2（气）转变为 NO_2^-（液）的转换系数为 0.76，所以在计算

结果时应除以0.76。

2. 化学发光法

化学发光法是基于NO的光化学性质，将含氮化合物转化为NO后进行测定。测定大气中NO_x时，可以直接测定其中的NO；当测定其中的NO_2时，应先用钼转换炉将NO_2转化成NO，然后再通过化学发光反应进行检测。化学发光法测定NO_x具有灵敏度高、反应速度快和选择性比较好等特点，多用于气体中NO_x的自动监测。但该方法容易受水分的干扰，在化学发光时会发生淬灭而影响测定。此外，当大气中存在高浓度SO_2时也会对NO_x的定量测量产生干扰。化学发光法常用于自动监测系统，测得浓度一般以ppbv表示。这里仅用于比较，不再详细介绍其使用方法及仪器结构特征等。

四、实验仪器和试剂

1. 实验仪器

（1）分光光度计：可见光波长380～780 nm。
（2）U型多孔玻板吸收管：10 mL，用于短时间采样。
（3）具塞比色管：10 mL，15支。
（4）双球玻璃管（内装三氧化铬－石英砂）。
（5）空气采样器：小流量空气采样器，流量范围0～1 L/min。

2. 实验试剂

（1）重蒸蒸馏水：所用试剂均用不含亚硝酸根的重蒸蒸馏水配制。
（2）吸收原液的配制：称取5.0 g对氨基苯磺酸，通过玻璃漏斗直接加入1000 mL容量瓶中，加入50 mL冰乙酸和900 mL水的混合溶液后盖塞振摇，使其溶解，待对氨基苯磺酸完全溶解后，加入0.05 g盐酸萘乙二胺溶解后，用水稀释至标线，即制成了吸收原液，储于棕色瓶中，在4 ℃冰箱中可保存2个月。保存时，可用生胶带密封瓶口，以防止空气与吸收液接触。
（3）采样用吸收液：采样时，按吸收原液：水（4：1）的比例混合配制。
（4）三氧化铬/石英砂氧化管：筛取20～40目的石英砂，用1：2盐酸溶液浸泡8 h，用水洗至中性（思考如何知道是否中性?），烘干。将三氧化铬及石英砂按1：20质量比混合，加少量水调匀，放在105 ℃烘箱烘干，烘干过程中应搅拌几次（注意防止高温烫伤）。制备好的三氧化铬/石英砂应是松散的，若是黏结成块，说明三氧化铬比例过大，可适当增加石英砂，重新制备。称取约8 g三氧化铬/石英砂装入双球玻璃管，两端用少量脱脂棉塞好。用塑料管制的小帽将氧化管两端密封，备用。使用时将氧化管与吸收管用一小段特氟龙管连接。

（5）亚硝酸钠标准储备液（100 μg/mL）：称取 0.1500 g 粒状亚硝酸钠（$NaNO_2$，预先在干燥器内放置 24 h 以上）溶于装有水的烧杯中，再移入 1000 mL 容量瓶中，用水稀释定容。储于棕色瓶内，在冰箱中可保存 3 个月。

（6）亚硝酸钠标准溶液（5.0 μg/mL）：使用前，吸取储备液 5.00 mL 于 100 mL 容量瓶中，用水稀释定容。

五、实验方法和步骤

1. 采样

将 5.0 mL 吸收液注入多孔玻板吸收管，进气口接氧化管，并使管口略微向下倾斜，以免空气中的水分被氧化剂（CrO_3）吸收，进而影响其氧化效率。吸收管出气口与大气采样器相连，以 0.2～0.3 L/min 流量，避光采样至吸收液呈微红色为止，记下采样时间，密封好采样管，带回实验室，当日测定。采样时，若吸收液不变色，采气量应不少于 6 L（思考需要采集多少时间）。

2. 标准曲线的绘制

取 7 支 10 mL 具塞比色管，按表 2－2－1 配制标准曲线。

表 2－2－1　亚硝酸钠标准色列

管　号	1	2	3	4	5	6	7
亚硝酸钠标准溶液（mL）	0	0.10	0.20	0.30	0.40	0.50	0.60
吸收原液（mL）	4.00	4.00	4.00	4.00	4.00	4.00	4.00
水（mL）	1.00	0.90	0.80	0.70	0.60	0.50	0.40
亚硝酸根含量（μg）	0	0.50	1.00	1.50	2.00	2.50	3.00

各管摇匀后，避开阳光直射，放置 15 min，在波长 540 nm 处，用 1 cm 比色皿，以水为参比，测定吸光度。以吸光度对亚硝酸根含量（μg），绘制标准曲线或用最小二乘法计算回归方程：

$$Y = bX + a \qquad (2-2-1)$$

式中，Y 为标准溶液吸光度（A）与试剂空白液吸光度（A_0）之差，即 $Y = A - A_0$；X 为亚硝酸根含量，单位为 μg；b 为回归方程式的斜率；a 为回归方程式的截距。

3. 样品测定

采样后，放置 15 min，将样品溶液移入 10 mm 比色皿中，用绘制标准曲线的方法测定试剂空白液和样品溶液的吸光度。若样品溶液的吸光度超过标准曲线的测定上限，可

用吸收液稀释后再测定吸光度，计算结果时应乘以稀释倍数。

六、采样记录

采样记录见表2－2－2。

表2－2－2　大气中氮氧化物采样记录

日期	时间	采样时长（min）	吸收液体积（mL）	采样流量（mL/min）	氮氧化物浓度	
					（$\mu g/m^3$）[a]	（ppbv）[b]

注：a，盐酸萘乙二胺分光光度法；b，化学发光法。

七、注意事项

（1）用于吸收空气的吸收液应为无色溶液，如果溶液已经显示微红色，说明溶液已含有亚硝酸根，即已经被污染，此时应检查试剂和蒸馏水是否存在质量问题。

（2）如果吸收液长时间暴露在空气或受日光照射，也会造成显色现象的发生，使得吸收液的背景空白值增高，因此吸收液应密闭避光保存。

（3）氧化管适合于相对湿度在30%～70%范围内使用，由于环境湿度通常会超出上述湿度范围，因此应经常注意氧化管是否吸湿引起板结或变成绿色而失效。

（4）大气中其他污染物对NO_x测量的干扰：观测经验表明，二氧化硫浓度小于氮氧化物浓度的10倍时，对氮氧化物的测定无干扰；氮氧化物浓度达到二氧化硫浓度的30倍时，显色有少许变浅。然而，在城市环境大气中，较少遇到二氧化硫浓度达到30倍氮氧化物浓度的情况。臭氧浓度为氮氧化物浓度的5倍时，对氮氧化物的测定略有干扰，在采样后3 h，可使吸收液呈现微红色，对测定影响较大。过氧乙酰硝酸酯（PAN），对氮氧化物的测定产生正干扰，但一般环境空气中PAN浓度较低，不会导致显著的误差。

（5）本方法检出限为0.01 μg/mL（按与吸光度0.01相对应的亚硝酸根含量计），当采样体积为6 L时，氮氧化物（以二氧化氮计）的最低检出浓度为0.01 mg/m^3。

（6）本方法吸收液用量少，适用于短时间采样，测定空气中氮氧化物的短时间浓度。

(7) 亚硝酸钠（固体）应妥善保存。可分装成小瓶使用，试剂瓶及小瓶的瓶口要密封，防止空气及湿气侵入。部分氧化成硝酸钠或呈粉末状的试剂都不能用直接法配制标准溶液。若无颗粒状亚硝酸钠试剂，可用高锰酸钾容量法标定出亚硝酸钠储备溶液的准确浓度后，再稀释成每毫升含 5.0 μg 亚硝酸根的标准溶液。

(8) 绘制标准曲线时，应注意向各管中以均匀、缓慢的速度加入亚硝酸钠标准使用液，保证曲线的线性较好。

八、结果计算

以式（2-2-2）计算大气中氮氧化物含量：

$$\rho_{NO_x} = \frac{(A - A_0) \times \frac{1}{b}}{0.76V_n} \qquad (2-2-2)$$

式中，ρ_{NO_x}为氮氧化物含量，单位为 mg/m^3 NO_2；A 为样品溶液吸光度；A_0 为试剂空白溶液的吸光度；0.76 为 NO_2（气）转换为 NO_2^-（液）的系数；$1/b$ 为标准曲线斜率的倒数，即单位吸光度对应的 NO_2 的质量，单位为 mg；V_n 为标准状态下的采样体积，单位为 L。

九、结果分析和讨论

(1) 氮氧化物对人体有哪些危害作用？
(2) 氮氧化物与光化学烟雾有什么关系？产生光化学烟雾需要哪些条件？
(3) 通过实验测定结果，你认为大气中氮氧化物的污染状况如何？
(4) 氧化管中石英砂的作用是什么？为什么氧化管变成绿色就失效了？
(5) 氧化管为何做成双球形？双球形氧化管有何优点？

实验三　大气中臭氧的测定

一、概述

臭氧（O_3）是氧气的一种同素异形体，有鱼腥气味，沸点为 -111 ℃，熔点为 -192 ℃，是一种具有强氧化性的气体。臭氧主要存在于平流层下部的臭氧层中，集中了大气中约90%的臭氧，浓度峰值出现在地表上空 20 ～ 25 km 处，典型浓度为 5 ～ 10 ppmv。在大气层中，氧分子在小于 240 nm 的紫外辐射下分解为氧原子（O），而氧原子与另一氧分子结合，即可生成臭氧。臭氧又会与氧原子、氯或其他游离性物质反应而分解，这种反复不断地生成和消耗，使臭氧含量维持在一定的均衡状态。臭氧层吸收了绝大多数对人体有害的短波紫外辐射，使地球表面生物不受紫外线危害。若臭氧层遭到破坏，则会对人体健康产生重大影响，使人体 DNA 改变，免疫机制减退，引发皮肤癌和白内障等疾病；同时，还会影响陆地和水生生态系统，对城市环境和建筑材料造成影响。

臭氧的来源分为自然源和人为源。自然源主要指平流层臭氧向下传输。在波长小于 240 nm 紫外辐射条件下，平流层中的氧气分解产生的氧原子与氧分子结合产生臭氧，平流层臭氧向下传输到对流层，成为对流层中臭氧的来源。人为源的臭氧主要是由人为排放的 NO_x 和 VOCs 等污染物的光化学反应生成。在晴天、紫外辐射强的条件下，NO_2 等发生光解生成一氧化氮和氧原子，氧原子与氧反应生成臭氧。在洁净大气中，臭氧与一氧化氮反应生成 NO_2，而臭氧分解为氧气，上述反应的存在使臭氧在大气中达到一种平衡状态，不会造成臭氧累积。当空气中存在大量 VOCs 等污染物时，VOCs 等产生的自由基与一氧化氮反应生成二氧化氮，此反应与臭氧和一氧化氮的反应形成竞争，不断取代消耗二氧化氮光解产生的 NO、HO_2、RO_2、OH 并引发 NO 向 NO_2 转化，使上述动态平衡遭到破坏，导致臭氧逐渐累积，造成污染。NO_x、VOCs 和 CO 等臭氧前体物都是一次污染物，主要来源于交通工具的尾气排放、石油化工和火力发电等工业污染源排放及饮食、印刷、房地产等行业的污染源排放等。秸秆等生物质的大量燃烧，也会产生大量的 VOCs 和 NO_x 等臭氧前体物。城市中的臭氧是空气质量监测的要素之一，同时也是大气污染中的主要污染物，测定大气中臭氧浓度对于研究光化学烟雾具有重要意义。

二、实验目的

通过学习大气中臭氧的测量方法，进一步了解臭氧的大气浓度特征，主要排放源和影响要素，学会测定环境空气中臭氧含量的原理和方法。通过测定臭氧的浓度认识其在大气中的污染程度及严重性，提高控制臭氧生成的环保意识。

三、实验原理

空气中臭氧的测定方法主要有靛蓝二磺酸钠分光光度法、紫外光度法和化学发光法。

1. 靛蓝二磺酸钠分光光度法

空气中的臭氧在磷酸盐缓冲溶液存在下，与吸收液中蓝色的靛蓝二磺酸钠发生等摩尔反应，褪色生成靛红二磺酸钠。在 610 nm 处测定吸光度，根据蓝色减退的程度来定量空气中臭氧的浓度。

2. 紫外光度法

当空气样品以恒定的流速进入仪器的气路系统，样品空气交替地或直接进入吸收池，也可经过臭氧去除器再进入吸收池，臭氧对 254 nm 波长的紫外光有特征吸收峰，零空气样品通过吸收池时被光检测器检测的光强度为 I_0，臭氧样品通过吸收池时被光检测器检测的光强度为 I，I/I_0 则为透光率。每经过一个循环周期，仪器的微处理系统根据比尔－朗伯定律求出臭氧浓度。

3. 化学发光法

空气样品被连续抽进仪器反应室，臭氧与乙烯反应产生激发态的甲醛（HCHO *）。当 HCHO * 回到基态时，发射 300～600 nm 的连续光谱，峰值波长为 435 nm，发光的强度与臭氧浓度呈线性关系，从而定量测得臭氧浓度。

本实验用到的测量方法为靛蓝磺酸钠分光光度法以及与之比对的紫外光度法。

四、实验仪器和试剂

1. 实验用仪器设备

（1）空气采样器：流量范围 0.0～1.0 L/min，流量稳定。使用时，用皂膜流量计校准采样系统在采样前和采样后的流量，相对误差应小于 ±5%。

（2）多孔玻板吸收管：内装 10 mL 吸收液，以 0.50 L/min 流量采气，玻板阻力应为 4～5 kPa，气泡分散均匀。

（3）具塞比色管：10 mL。

（4）恒温水浴：温控精度为 ±0.5 ℃。

（5）水银温度计：精度为 ±0.5 ℃。

（6）分光光度计：可见光波长 380～780 nm。

（7）一般实验室常用玻璃仪器。

2. 实验试剂和制备

（1）溴酸钾标准贮备溶液（0.100 0 mol/L）：准确称取 1.3918 g 溴酸钾（优级纯，180 ℃烘 2 h，提前准备），放置烧杯中，加入少量水溶解，移入 500 mL 容量瓶中，用水稀释至标线。

（2）溴酸钾 - 溴化钾标准溶液（0.010 0 mol/L）的制备：吸取 10.00 mL 溴酸钾标准贮备溶液于 100 mL 容量瓶中，加入 1.0 g 溴化钾（KBr），用水稀释至标线。

（3）硫代硫酸钠标准贮备溶液（0.1000 mol/L）：见本章“实验一　四、2.（10）”。

（4）硫代硫酸钠标准工作溶液（0.00500 mol/L）的制备：临用前，取硫代硫酸钠标准贮备溶液，用新煮沸并冷却到室温的水准确稀释 20 倍。

（5）硫酸溶液的制备：按硫酸：水 =1：6（V/V）制备。

（6）淀粉指示剂溶液（2.0 g/L）：称取 0.20 g 可溶性淀粉，用少量水调成糊状，慢慢倒入 100 mL 沸水，煮沸至溶液澄清。

（7）磷酸盐缓冲溶液（0.050 mol/L）：分别称取 6.8 g 磷酸二氢钾（KH_2PO_4）和 7.1 g 无水磷酸氢二钠（Na_2HPO_4），溶于水，稀释至 1000 mL。

（8）靛蓝二磺酸钠标准贮备溶液及其标定：称取 0.25 g 分析纯、化学纯或生化纯级的靛蓝二磺酸钠（IDS）溶于水，移入 500 mL 棕色容量瓶内，用水稀释至标线，摇匀，在室温暗处存放 24 h 后标定（提前配制）。此溶液在 20 ℃以下暗处存放可稳定 2 周。

（9）标定方法：准确吸取 20.00 mL IDS 标准贮备溶液于 250 mL 碘量瓶中，分别加入 20.00 mL 溴酸钾 - 溴化钾溶液和 50 mL 水，盖好瓶塞，置于 16 ± 1 ℃生化培养箱（或水浴中放置至溶液温度与水浴温度平衡时）［注 1］；加入 5.0 mL 硫酸溶液，立即盖塞、混匀并开始计时，于 16 ± 1 ℃暗处放置 35 ± 1.0 min；随即加入 1.0 g 碘化钾，立即盖塞，轻轻摇匀至溶解，暗处再放置 5 min；用硫代硫酸钠溶液滴定至棕色刚好褪去呈淡黄色，加入 5 mL 淀粉指示剂溶液，继续滴定至蓝色消退，终点为亮黄色。记录所消耗的硫代硫酸钠标准工作溶液的体积［注 2］。

［注 1］达到平衡的时间与温差有关，可以预先用相同体积的水代替溶加入碘量瓶中，放入温度计观察达到平衡所需要的时间。

［注 2］平行滴定所消耗的硫代硫酸钠标准溶液体积不应大 0.10 mL。每毫升靛蓝二磺酸钠溶液相当于臭氧的质量浓度 ρ（μg/mL）为：

$$\rho = \frac{c_1 V_1 - c_2 V_2}{V} \times 12.00 \times 1000 \tag{2-3-1}$$

式中，ρ 为每毫升靛蓝二磺酸钠溶液相当于臭氧的质量浓度，单位为 μg/mL；c_1 为溴酸钾 - 溴化钾标准溶液的浓度，单位为 mol/L；c_2 为滴定时所用硫代硫酸钠标准溶液的浓度，单位为 mol/L；V_1 为加入溴酸钾 - 溴化钾标准溶液的体积，单位为 mL；V_2 为滴定时所用硫代硫酸钠标准溶液的体积，单位为 mL；V 为 IDS 标准贮备溶液的体积，单位为 mL；12.00 为臭氧的摩尔质量的 1/4，单位为 g/mol。

（10）IDS 标准工作溶液：将标定后的 IDS 标准贮备液用磷酸盐缓冲溶液逐级稀释成每毫升相当于 1.00 μg 臭氧的 IDS 标准工作溶液，此溶液于 20 ℃以下暗处存放可稳定 1 周。

（11）IDS 吸收液：取适量 IDS 标准贮备液，根据空气中臭氧质量浓度的高低，用磷酸盐缓冲溶液稀释成每毫升相当于 2.5 μg（或 5.0 μg）臭氧的 IDS 吸收液，此溶液于 20 ℃以下暗处可保存 1 个月。

五、实验方法和步骤

1. 采样

用内装 10.00 ± 0.02 mL IDS 吸收液的多孔玻板吸收管，罩上黑色避光套，以 0.5 L/min 流量采集气体 5 ～ 30 L。当吸收液褪色约 60% 时（与现场空白样品比较），应立即停止采样。样品在运输及存放过程中应严格避光。当确信空气中臭氧的质量浓度较低，不会穿透时，可以用棕色玻板吸收管采样。样品于室温暗处存放至少可稳定 3 天。

空白样品：用同一批配制的 IDS 吸收液，装入多孔玻板吸收管中，带到采样现场。除了不采集空气样品外，其他环境条件保持与采集空气的采样管相同。每批样品至少包含两个现场空白样品。

2. 制备标准曲线

取 6 支 10 mL 具塞比色管，按表 2 - 3 - 1 制备 IDS 标准溶液系列。

表 2 - 3 - 1　IDS 标准色列

管号	1	2	3	4	5	6
IDS 标准溶液（mL）	10.00	8.00	6.00	4.00	2.00	0.00
磷酸盐缓冲溶液（mL）	0.00	2.00	4.00	6.00	8.00	10.00
臭氧质量浓度（μg/mL）	0.00	0.20	0.40	0.60	0.80	1.00

各管摇匀，用 20 mm 比色皿，以水作参比，在波长 610 nm 下测量吸光度。以标准系列中零浓度管的吸光度（A_0）与各标准色列管的吸光度（A）之差为纵坐标，臭氧质量浓度为横坐标，用最小二乘法计算校准曲线的回归方程：

$$Y = bX + a \tag{2-3-2}$$

式中，Y 为 $A_0 - A$，空白样品的吸光度与各标准色列管的吸光度之差；X 为臭氧质量浓

度，单位为 μg/mL；*b* 为回归方程的斜率；*a* 为回归方程的截距。

3. 样品测定

采样后，在吸收管的入气口端串接一个玻璃尖嘴，在吸收管的出气口端用吸耳球加压将吸收管中的样品溶液移入 25 mL（或 50 mL）容量瓶中，用水多次洗涤吸收管，使总体积为 25.0 mL（或 50.0 mL）。用 20 mm 比色皿，以水作参比，在波长 610 nm 下测量吸光度 *A*。

六、采样记录

采样记录见表 2－3－2。

表 2－3－2　大气中臭氧采样记录

日期	时间	采样时长（min）	吸收液体积（mL）	采样流量（mL/min）	臭氧浓度	
					（$\mu g/m^3$）[a]	（ppbv）[b]

注：a，分光光度法；b，紫外光度法。

七、注意事项

1. 干扰

空气中的二氧化氮可使臭氧的测定结果偏高，约为二氧化氮质量浓度的 6%。空气中二氧化硫、硫化氢、过氧乙酰硝酸酯（PAN）和氟化氢的质量浓度分别高于 750 $\mu g/m^3$、110 $\mu g/m^3$、1800 $\mu g/m^3$ 和 2.5 $\mu g/m^3$ 时，干扰臭氧的测定。空气中氯气、二氧化氯的存在也会使臭氧的测定结果偏高。

2. IDS 标准溶液标定

市售 IDS 不纯，作为标准溶液使用时必须进行标定。用溴酸钾－溴化钾标准溶液标定 IDS 的反应，需要在酸性条件下进行，加入硫酸溶液后反应开始，加入碘化钾后反应即终止。为了避免副反应，必须严格控制水浴温度（16 ±0.5 ℃）和反应时间(35 ±1.0 min)，一定要等到溶液水浴温度达到平衡时再加入硫酸溶液，加入硫酸溶液后应立即盖塞，并开始计时。滴定过程中应避免阳光照射。

3. IDS 吸收液的体积

本方法为褪色反应，吸收液的体积直接影响测量的准确度，所以装入采样管中吸收液的体积必须准确，应用移液管定量加入。采样后向容量瓶中转移吸收液应尽量完全(少量多次冲洗)。

八、结果计算

空气中臭氧的质量浓度，按下式（2 –3 –3）计算：

$$\rho(O_3) = \frac{(A_0 - A - a)V}{bV_0} \qquad (2-3-3)$$

式中，ρ（O_3）为空气中臭氧的质量浓度，单位为 mg/m^3；A_0 为空白样品吸光度的平均值；A 为样品的吸光度；b 为标准曲线的斜率；a 为标准曲线的截距；V 为样品溶液的总体积，单位为 mL；V_0 为标准状态（101.325 kPa 和 273 K）的采样体积，单位为 L。

计算所得结果精确至小数点后三位。

九、结果分析和讨论

（1）对流层中的臭氧对人体有哪些危害作用？

（2）臭氧在光化学烟雾形成过程中扮演什么角色？

（3）臭氧对大气颗粒物的形成起到什么作用？

（4）通过实验测定结果，你认为实验区域内大气中臭氧的污染状况如何？

实验四　大气中一氧化碳的测定

一、概述

一氧化碳（CO）是一种无色、无味、无刺激的有毒气体，比空气略轻，在水中的溶解度甚低，但易溶于氨水。空气混合爆炸极限为12.5%～74%。CO是含碳物质不完全燃烧的产物，也可以作为燃料使用，煤和水在高温下可以生成水煤气（CO与H_2的混合物）。当空气中一氧化碳浓度达到35 ppm，就会对人体产生损害，造成一氧化碳中毒（又称煤气中毒）。

目前大气中一氧化碳为少量存在的气体，主要由火山活动、火灾（如森林大火）及生物质燃烧（如焚烧秸秆）等而产生，其最主要的天然来源是由对流层中的光化学反应而产生。此外，一氧化碳还由化石燃料的使用包括机动车排放以及住宅取暖及烹饪等，以及汽油、柴油、煤炭、木炭、煤气、液化气和天然气等的不完全燃烧产生。工业生产中，如炼铁，也会产生一氧化碳副产品。一氧化碳的汇主要有与OH自由基反应生成二氧化碳和被土壤吸收，其中土壤中细菌可以将CO代谢为二氧化碳和甲烷，因此大气中一氧化碳的源和汇均为大气化学研究的重要课题。

二、实验目的

通过学习要求学生掌握大气中一氧化碳的气相色谱测定方法及其原理和操作步骤，了解研究大气中一氧化碳的源和汇的重要意义。

三、实验原理

测量大气中一氧化碳的方法有气相色谱法、红外吸收光谱法和汞置换法等。本实验主要介绍气相色谱法和常规空气质量监测用的红外吸收光谱法，后者仅用于比较。

1. 气相色谱法

一氧化碳在色谱柱中与空气的其他成分完全分离后，进入转化炉，在360 ℃镍触媒催化作用下，与氢气反应，生成甲烷，用氢火焰离子化检测器测定，相应反应式如下：

$$CO + 3H_2 = CH_4 + H_2O$$

2. 红外吸收光谱法

当 CO 气态分子受到红外辐射时，将吸收各自特征波长的红外光，引起分子振动能级和转动能级的跃迁，产生振动 - 转动吸收光谱，即红外吸收光谱。在一定气态物质浓度范围内，吸收光谱的峰值（吸光度）与气态物质浓度之间的关系符合比尔 - 朗伯定律。因此，测定其吸光度即可确定气态物质浓度。一氧化碳对未分光的红外线具有选择性吸收。在一定范围内，吸收值与一氧化碳浓度呈线性关系，根据吸收值确定样品中的一氧化碳的浓度。

3. 汞置换法

含一氧化碳的空气样品与氧化汞在 180 ～ 200 ℃下反应，置换出汞蒸气。根据汞吸收波长 253.7 nm 紫外线的特点，利用光电转换检测器测出汞蒸气含量，再将其换算成一氧化碳浓度。

$$CO(气) + HgO(固) = Hg(蒸气) + CO_2(气)$$

四、实验仪器和试剂

1. 仪器设备

（1）气相色谱仪：配备氢火焰离子化检测器的气相色谱仪。转化炉：可控温 360 ± 1 ℃。

（2）注射器：2 mL、5 mL、10 mL、100 mL，体积误差小于 ±1%。

（3）铝箔复合膜采样袋：容积 400 ～ 600 mL。

（4）色谱柱：长 2 m、内径 2 mm 的不锈钢管内填充 TDX - 01 碳分子筛，柱管两端填充玻璃棉。新装的色谱柱在使用前，应在柱温 150 ℃、检温器温度 180 ℃、通氢气 60 mL/min 条件下，老化处理 10 h。

（5）转化柱：长 15 cm、内径 4 mm 的不锈钢管内填充 30 ～ 40 目镍触媒，柱管两端塞玻璃棉。转化柱装在转化炉内，一端与色谱柱连通，另一端与检测器相连。使用前，转化柱与色谱柱同步进行老化。当 CO 浓度小于 180 mg/m^3 时，转化率大于 95%。

2. 实验试剂

（1）碳分子筛：TDX - 01，60 ～ 80 目，作为固定相。

（2）纯空气：不含 CO 或 CO 含量低于本方法的检出下限。

（3）镍触媒：30 ～ 40 目，当 CO 浓度 $< 180\ mg/m^3$，CO_2 质量分数 $< 0.4\%$ 时，转化率大于 95%。

（4）一氧化碳标准气：一氧化碳含量 10 ～ 40 ppm（铝合金钢瓶装）以氮气为本底气。

五、实验方法和步骤

1. 采样

用橡胶二连球，将现场空气送入采样袋内，使之胀满后放掉。如此反复 4 次，最后一次打满后，密封进样口，并写上标签，注明采样地点和时间等。

2. 色谱分析准备

由于色谱分析常因实验条件不同而有差异，所以应根据所用气相色谱仪的型号和性能，制定能分析一氧化碳的最佳的色谱分析条件。以下为色谱分析准备的一个实例，仅供参考：

色谱柱温度：78 ℃。

转化柱温度：360 ℃。

载气：H_2，78 mL/min。

氮气：130 mL/min。

空气：750 mL/min。

记录仪：满量程 10 mA，纸速 50 mm/min。

静电放大器：高阻 1010 Ω。

进样量：用六通进样阀进样 1 mL。

3. 标准曲线的绘制和校正因子测定

在相同的样品分析条件下，绘制标准曲线及测定校正因子。

（1）配置标准气：在 6 支 100 mL 注射器中，用纯空气将已知浓度的一氧化碳标准气体（标准气体浓度由生产厂家确定），稀释成 0. 4 ～40 ppm（0. 5 ～50 mg/m^3）范围的 5 种不同浓度的气体。另取纯空气作为零浓度（空白）气体。

（2）绘制标准曲线（表 2 -4 -1）：每个浓度的标准气体，分别通过色谱仪的流通进样阀，量取 1 mL 进样，得到各浓度的色谱峰和保留时间。每个浓度进样 3 次，测量色谱峰高的平均值。以峰高（mm）做纵坐标，浓度（ppm）为横坐标，绘制标准曲线，并计算中心回归的斜率，以斜率倒数 Bg（ppm/mm）做样品测定的计算因子。

表2-4-1　一氧化碳标准曲线的绘制

管号	1	2	3	4	5	6
一氧化碳浓度（ppm）						
峰高（mm）						

（3）测定校正因子：用单点校正法求校正因子。取与样品空气中含一氧化碳浓度相接近的标准气体，测量色谱的平均峰高（mm）和保留时间，计算校正因子（f）：

$$f = \frac{c_0}{h_0} \tag{2-4-1}$$

式中，f 为校正因子，单位为 ppm/mm；c_0 为标准气体浓度，单位为 ppm；h_0 为平均峰高，单位为 mm。

4．样品分析

通过色谱仪进样阀引入 1 mL 空气样品，以保留时间定性，测量一氧化碳的峰高。每个样品做 3 次平行进样分析，求峰高的平均值，并记录分析时的气温和大气压力。高浓度样品，应用清洁空气稀释至小于 40 ppm（50 mg/m^3），再进行分析。

六、采样记录

采样记录见表2-4-2。

表2-4-2　大气中一氧化碳采样记录

日期	时间	采样地点	采样体积（mL）	一氧化碳浓度	
				（ppmv）[a]	（ppmv）[b]

注：a，气相色谱法；b，红外吸收法。

七、注意事项

（1）测定范围和检出下限：进样 1 mL 时，浓度测定范围是 0.50～50.0 mg/m^3，

最低检出浓度为 0.50 mg/m³。

（2）干扰及其消除：由于采用了气相色谱分离技术，空气、甲烷、二氧化碳及其他有机物均不干扰测定。

（3）重现性：对于浓度为 6 mg/m³ 的一氧化碳，其 10 次进样分析的变异系数为 2%。

（4）回收率：一氧化碳浓度在 3～25 mg/m³ 时，回收率为 94%～104%。

八、结果计算

（1）用标准曲线法定量，计算公式如下：

$$c = hB_g \tag{2-4-2}$$

式中，c 为样品中一氧化碳浓度，单位为 ppm；h 为样品峰高的平均值，单位为 mm；B_g 为计算因子，单位为 ppm/mm。

（2）用校正因子公式计算：

$$c = hf \tag{2-4-3}$$

式中，c 为样品中一氧化碳浓度，单位为 ppm；h 为样品峰高的平均值，单位为 mm；f 为校正因子，单位为 ppm/mm。

九、结果分析和讨论

（1）对流层中的一氧化碳的浓度范围大概是多少？

（2）气相色谱法和红外吸收法测量一氧化碳的原理有何不同？

（3）人体吸入一氧化碳后如何中毒？

实验五　大气中硫化物的测定

一、概述

本实验主要介绍大气中硫化物的两种污染物，即硫化氢和二硫化碳。硫化氢燃烧会生成二氧化硫和水，当氧气不足时产生硫，硫燃烧生成二氧化硫，成为形成酸雨的主要成分。而二硫化碳是主要的恶臭污染物。大气中硫化物是大气化学组成及无机污染的主要成分。

1. 硫化氢（H_2S）

硫化氢的熔点为 -85.5 ℃，沸点为 -60.4 ℃。无色，低浓度时有臭鸡蛋气味，浓度极低时有硫黄味，有剧毒。标准状况下硫化氢是一种易燃的酸性气体，能溶于水，易溶于醇类、石油溶剂和原油，其水溶液为氢硫酸，酸性较弱（比碳酸弱，但比硼酸强），与重金属盐反应可以生成不溶于水的重金属硫化物沉淀。硫化氢能被氧化，根据氧化条件和氧化剂的不同，氧化的产物也不同，与碘溶液作用生成单体硫，在空气中燃烧生成 SO_2，与氯或溴水溶液作用生成硫酸。

大气中硫化氢的主要来源有：动植物中氨基酸腐烂时产生硫化氢；某些热泉水及火山气体中含有低浓度的硫化氢；在很多天然气中含有较高浓度的硫化氢。在工业上，炼焦炉、合成纤维、石油化工及煤气生产等常排出混有硫化氢的废气。硫化氢在大气中很不稳定，逐渐氧化成单质硫、硫的氧化物和硫酸盐。水蒸气和阳光会促使硫化氢的氧化作用。

2. 二硫化碳（CS_2）

二硫化碳熔点为 -112～111 ℃，沸点为 46.2 ℃，为常见溶剂，无色液体。实验室用的纯二硫化碳有类似三氯甲烷的芳香甜味，但是通常不纯的工业品二硫化碳因为混有其他硫化物（如羰基硫等）而变为微黄色，有烂萝卜味。它可溶解单质硫。

二硫化碳在工业上应用非常广泛，常用作溶解剂及制造粘胶纤维、石蜡、玻璃纸和四氯化碳及石油精制，还可用作粮食熏蒸杀虫剂和除草剂。在生活和工作过程中，经常接触一些由二硫化碳作为溶剂加工的产品，像人造棉、人造毛、玻璃纸、粘胶薄膜、橡胶、海绵、光学玻璃等，这些材料都有可能释放出二硫化碳。特别在密闭空间里污染将加剧，如卫生间随着使用人数和频率的增加，二硫化碳的浓度将升高；电站在开启后比

开启前二硫化碳浓度增高1倍以上。

二、实验目的

通过学习大气中硫化氢和二氧化硫浓度的测量方法，进一步了解其理化性质、主要排放源及其对大气造成的污染。要求学生掌握大气中硫化氢和二氧化碳浓度的测定原理及基本操作方法和步骤。

三、实验原理

本实验介绍测定硫化氢和二硫化碳的简单原理及方法。

1. 硫化氢的测定原理

采用银量比色法：当硫化氢与硝酸银发生反应时，生成褐色硫化银胶体溶液。根据溶液显色的强弱，采用分光光度计法测定硫化氢的浓度。硫化氢与硝酸银反应如下式所示：

$$H_2S + 2AgNO_3 = Ag_2S \downarrow + 2HNO_3$$

2. 二硫化碳的测定原理

采用二乙胺醋酸铜法，在铜盐存在下，二硫化碳与仲胺（二乙胺）能够在有机溶剂中形成稳定的黄棕色二乙基二硫代氨基甲酸铜盐，采用分光光度计测定其浓度。

四、实验仪器和试剂

1. 仪器设备

（1）空气采样器：流量范围0.0～1.0 L/min，流量稳定。使用时，用皂膜流量计校准采样系统在采样前、后的流量，相对误差应小于±5%。

（2）电子分析天平：精度0.01 mg。

（3）紫外分光光度计（TU－1810）：波长范围190～1100 nm，配有2 cm比色皿。

（4）具塞比色管：10 mL，16支。

（5）10 mL多空玻板吸收管：要求内装10 mL吸收液，以0.50 L/min流量采气，玻板阻力应为4～5 kPa，气泡分散均匀。

（6）一般实验室常用玻璃仪器。

2. 试剂

（1）硫化氢吸收液：用10%（以体积记）的硫酸配制的0.05%硝酸银硫酸溶液。称取0.25g $AgNO_3$ 溶于水中，移入500 mL容量瓶中，加入约300 mL水，缓慢加入50 mL浓 H_2SO_4，待冷却后，加水定容。

（2）二硫化碳吸收液：用小烧杯称取0.1 g醋酸铜，用少许蒸馏水溶解后，转入1000 mL容量瓶中，再加入10 mL二乙胺，20 mL三乙醇胺，加无水乙醇至标线。

（3）碘贮备液制备（0.10 mol/L）：称取3.175 g碘（I_2）于烧杯中，加入10 g碘化钾和25 mL水，搅拌至完全溶解，用水稀释至250 mL，贮存于棕色细口瓶中。

（4）（1+1）盐酸溶液：以体积比配置盐酸溶液备用。

（5）淀粉溶液配制（0.10 mol/L）：称取0.5 g可溶性淀粉，用少量纯水调成糊状，慢慢倒入100 mL沸水中，继续煮沸至溶液澄清，冷却后贮于试剂瓶中。现用现配。

（6）硫代硫酸钠贮备液配制（0.10 mol/L）：称取12.5 g五水硫代硫酸钠（$Na_2S_2O_3 \cdot 5H_2O$），溶于500 mL新煮沸但已冷却的水中，再加入0.1 g无水碳酸钠，混合后贮于棕色细口瓶中，放置1周后备用。如溶液呈现混浊，则需过滤后再使用。

（7）硫代硫酸钠标准溶液配制及标定（0.010 mol/L）：取50 mL硫代硫酸钠贮备液置于500 mL容量瓶中，用新煮沸但已冷却的水稀释定容，摇匀。标定方法见第二章“实验一　大气中二氧化硫的测定　四、2.（11）”。

（8）硫化氢标准溶液：取硫化钠晶体（$Na_2S \cdot 9H_2O$），用少量水清洗表面用滤纸吸干后称量0.71 g，溶于新煮沸但已冷却的水中，再稀释至1 L。用下述的碘量法标定其准确浓度。标定后立即用新煮沸但已冷却的水稀释成1.0 mL含5 μg的硫化氢标准溶液。由于硫化钠在水溶液中极不稳定，稀释后应立即做标准曲线，标准溶液必须每次新配。现标定，现使用。

碘量法标定方法：准确吸量20.00 mL 0.10 moL/L碘的标准溶液于250 mL碘量瓶中加90 mL水，加1 mL（1+1）盐酸溶液，准确加入10.00 mL上述新配制硫化钠溶液，混匀，放在暗处3 min。再用0.0100 mol/L硫代硫酸钠标准溶液滴定至浅黄色，加1 mL新配制的淀粉液呈蓝色，用少量水冲洗瓶的内壁，再继续滴定至蓝色刚刚消失（由于有硫生成，使溶液呈微混浊色。此时，要特别注意滴定终点颜色突变）。记录所用硫代硫酸钠标准溶液的体积。同时另取10 mL水做空白滴定，其滴定步骤完全相同，记录空白滴定所用硫代硫酸钠标准溶液的体积。样品滴定和空白滴定各重复做两次，两次滴定所用硫代硫酸钠的体积误差不超过0.05 mL。

（9）无水乙醇：优级纯。

（10）二硫化碳：优级纯。

（11）二硫化碳标准溶液：量取无水乙醇约15 mL加入25 mL容量瓶中，盖塞称重（精确至0.0001 g），然后加入二硫化碳（优级纯）1～2滴，立即盖塞再称重（精确至0.0001 g）。用无水乙醇稀释至标线，计算每毫升中二硫化碳的含量。临用时再用无水乙醇稀释成每毫升内含10 μg二硫化碳的标准溶液。

（12）磷酸氢二铵溶液，称量 40 g 磷酸氢二铵［$(NH_4)_2HPO_4$］溶于水中，并稀释至 100 mL。

五、实验方法和步骤

1. 采样

将内装 10 mL 硫化氢吸收液或二硫化碳吸收液的普通型气泡吸收管，以 0.50 L/min 的流量避光采气 30 L。根据现场硫化氢或二硫化碳浓度，选择采样流量，使最大采样时间不超过 1 h。采样后的样品应置于暗处，并在 6 h 内显色；或在现场加显色液，带回实验室，在当天内进行比色测定。记录采样时的温度和大气压力。

2. 标准曲线的绘制

（1）硫化氢标准曲线的绘制：取 7 支 10 mL 干燥的具塞比色管，按表 2－5－1 配制硫化氢标准色列。

表 2－5－1　硫化氢标准色列

管号	0	1	2	3	4	5	6
硫化氢标准使用液（mL）	0.00	0.10	0.20	0.40	0.60	0.80	1.00
吸收液（mL）	10.00	9.90	9.80	9.60	9.40	9.20	9.00
硫化氢含量（μg）	0.00	0.50	1.00	2.00	3.00	4.00	5.00

各管加 1 mL 混合显色液，加盖倒转一次，缓缓混合均匀，放置 30 min。加 1 滴磷酸氢二钠溶液，摇匀，以排除 Fe^{3+} 的颜色干扰。用 20 mm 比色皿，以水作参比，在波长 665 nm 处，测定各管吸光度。以硫化氢含量（μg）为横坐标，吸光度为纵坐标，绘制标准曲线，并计算斜率。以斜率倒数作为样品测定的计算因子 Bs（μg）。

（2）二硫化碳标准曲线的绘制：类似于硫化氢标准曲线的绘制，取 7 支 10 mL 干燥的具塞比色管，按表 2－5－2 绘制二硫化碳的标准曲线。

表 2－5－2　二硫化碳标准色列

管号	0	1	2	3	4	5	6
二硫化碳标准使用液（mL）	0.0	0.10	0.20	0.40	0.60	0.80	1.00
吸收液（mL）	10.00	9.90	9.80	9.60	9.40	9.20	9.00
二硫化碳含量（μg）	0.00	0.50	1.00	2.00	3.00	4.00	5.00

3. 样品的测定

采样后，用洗耳球将样品吹出至 10 mL 比色管中，用纯水补充到采样前的吸收液体积。由于样品溶液不稳定，应在 6 h 内，以绘制标准曲线的操作步骤显色，测定吸光度。在每批样品测定的同时，用 10 mL 未采样的吸收液，按相同的操作步骤做试剂空白测定。如果样品溶液吸光度超过标准曲线的范围，则可取部分样品溶液用吸收液稀释后再分析，计算浓度时，需乘以样品溶液的稀释倍数。

六、采样记录

记录采样时长、采用体积、采样流量及现场温度和大气压力，记录入表 2－5－3 和表 2－5－4。

表 2－5－3　大气中硫化氢的采样记录

日期	时间	采样时长（min）	吸收液体（mL）	采样流量（mL/min）	硫化氢浓度（mg/m^3）

表 2－5－4　大气中二硫化碳的采样记录

日期	时间	采样时长（min）	吸收液体积（mL）	采样流量（mL/min）	硫化氢浓度（mg/m^3）

七、注意事项

（1）硫化氢吸收后不稳定，应在 6 h 内完成测定分析。

（2）测定样品与标准曲线绘制温度之差不能大于 2 ℃。

八、结果计算

空气中硫化氢或者二硫化碳的浓度可根据公式（2－5－1）计算：

$$c = \frac{(A - A_0) \times B_S}{V_0} \times D \qquad (2-5-1)$$

式中，c 为空气中硫化氢或二硫化碳浓度，单位为 mg/m^3；A 为样品溶液的吸光度；A_0 为空白溶液的吸光度；B_S 为用标准溶液绘制标准曲线得到的计算因子，单位为 μg；D 为分析时样品溶液的稀释倍数；V_0 为换算成标准状况下的采样体积，单位为 L。

九、结果分析和讨论

（1）讨论大气中硫化氢和二硫化碳的浓度范围如何？两种硫化物分别对大气化学和大气污染产生怎样的影响？

（2）测定硫化氢和二硫化碳的原理有何不同。

实验六　大气中氯化物的测定

本实验主要介绍两种含氯物质的测定：氯气和氯化氢。两种污染物性质、测定原理、方法和步骤等差异较大，因此分两部分介绍。

第1部分　氯气的测定

一、概述

氯气（Cl_2）是具有强烈窒息性、刺激性的黄绿色气体。氯气在标准状态下对空气的相对密度为2.488，沸点为−34.6 ℃，熔点为−102 ℃，易溶于水和碱溶液，也易溶于二硫化碳和四氯化碳等有机溶剂。氯的化学性质非常活泼，是一种强氧化剂，与二氧化碳接触能形成毒性更大的光气（$COCl_2$）。氯气对人的主要毒性是引起上呼吸道黏膜炎性肿胀、充血及眼黏膜的刺激症状。如果大量氯气逸漏，导致局部氯气浓度很高或接触时间较久，可引起呼吸道深部病变，如患支气管炎、肺炎及肺水肿等病症；高浓度氯气污染地区还可危害农作物的生长；含氯和氯化氢的废气在高温高湿条件下会对金属造成强烈的腐蚀。大气中一定浓度的氯气给人体健康和生态环境带来一定的威胁。

大气中氯以气体状态存在，主要来源于食盐电解、制药业、农药生产、光气制造、合成纤维及造纸漂白工艺。氯气经常出现在生产聚氯乙烯等塑料的工业生产中，氯碱厂和氯加工厂也经常排出大量氯气。在沿海地区，海浪中的盐分子解离可形成Na^+和Cl^-。这些离子在一定的时间和空间范围内随着气流迁移和沉降，在正常的大气环境中含量较低，是大气化学的重要组成部分，同时也是一种侵蚀性的环境污染因子，一定程度下给大气环境带来污染和破坏。

二、实验目的

通过学习大气中氯浓度的测定方法，进一步了解大气中氯的主要排放源及其对大气造成的污染。要求学生掌握大气中氯浓度的测定原理及基本操作方法和步骤。

三、实验原理

氯的测量常采用甲基橙比色法。空气中氯被含有溴化钾的甲基橙硫酸溶液所吸收，氯与溴化钾反应置换出溴，溴能氧化甲基橙，使其褪色。根据颜色减弱的程度，采用比色法进行定量，反应式如下：

$$Cl_2 + 2KBr \rightarrow Br_2 + 2KCl$$

$$Br_2 + {}^{-}O_2S-C_6H_4-N{\equiv}N-C_6H_4-N(CH_3)_2 \longrightarrow {}^{-}O_2S-C_6H_4-N{\equiv}N-C_6H_2Br_2-N{\equiv}N(CH_3)_2 + 2HBr$$

红色　　　　　　　　　　无色

四、实验仪器和试剂

1. 实验用仪器设备

（1）多孔玻板吸收管：玻板阻力控制在 4～5 kPa 之间，气泡分散均匀。

（2）空气采样器：流量范围 0.2～1.0 L/min，流量稳定。采样前和采样后，用皂膜流量计校正采样流量，流量误差应小于 5%。

（3）具塞比色管：10 mL，9 支。

（4）分光光度计：用 10 mm 比色皿，可见光波长 380～780 nm。

（5）一般实验室用玻璃器皿。

2. 试剂

（1）硫酸溶液（1∶6）：量取 30 mL 浓硫酸缓慢加入 180 mL 水中。

（2）吸收液：依次配制甲基橙贮备液、吸收原液和工作吸收液。

甲基橙贮备液：准确称量 0.1000 g 甲基橙，溶于 50～100 mL 40～50 ℃温水中，冷却至室温，加 20 mL 95% 乙醇，移入 1 L 容量瓶中，加水至刻度。置于暗处，可保存半年。

吸收原液：准确量取 50.00 mL 贮备液于 500 mL 容量瓶中，加入 1 g 溴化钾，加水稀释至刻度。用 10 mm 比色皿，以水作参比，在波长 460 nm 下测定吸光度。小心滴加甲基橙贮备液或水，摇匀，使吸收原液吸光度为 0.63。

吸收工作液：采样前，分别量取 250 mL 吸收原液和 50 mL 硫酸溶液（1∶6）于 500 mL 容量瓶中，用水定容。现用现配。

（3）标准溶液：分别配制标准贮备液和标准工作液。

标准贮备溶液：准确称量 1.1776 g 经 105 ℃干燥 2 h 的溴酸钾（基准试剂或者优级纯），用少量水溶解，加入硫酸溶液（1∶6）适量，移入 500 mL 容量瓶中，以水稀释定容。

准确量取上述溶液 10.00 mL 至 1000 mL 容量瓶中，加水至刻度，此溶液 1.00 mL 中含 30 μg 氯。放在暗处可保存半年。相应反应式如下：

$$KBrO_3 + 5KBr + 3H_2SO_4 \rightarrow 3Br_2 + 3K_2SO_4 + 3H_2O$$

标准工作液：临用时，将标准贮备溶液用水稀释成 1.00 mL 含 5 μg 氯的标准工作液。

五、实验方法和步骤

1. 采样

用一个内装 8 mL 吸收工作液的多孔玻板吸收管，以 0.5 L/min 流量采气 20 L。

2. 标准曲线的绘制

取 8 支 10 mL 具塞比色管，按表 2－6－1 配制标准曲线。

表 2－6－1　氯标准色列

管号	0	1	2	3	4	5	6	7
标准吸收液（mL）	0.00	0.20	0.40	0.60	0.80	1.00	1.20	1.60
水（mL）	4.00	3.80	3.60	3.40	3.20	2.00	1.80	1.40
氯含量（μg）	0.00	1.00	2.00	3.00	4.00	5.00	6.00	8.00

各管加入 5 mL 吸收原液，1 mL 硫酸溶液（1∶6），混匀，于 25 ～ 30 ℃放置 20 min。用 10 mm 比色皿，以水作参比，在波长 507 nm 处测定吸光度。以氯的含量（μg）为横坐标，各管与零标准管的吸光度之差为纵坐标，绘制标准曲线。计算回归线的斜率，以斜率的倒数作为样品测定的计算因子 B_s（μg）。

3. 样品测定

采样后，将吸收液全部移入具塞比色管中，用少量吸收工作液洗涤吸收管、合并吸收液，使总体积为 10 mL。放置 40 min 后，按上述标准曲线绘制中所述的操作步骤测定吸光度。当气温较低时可使用水浴加热样品至 35 ℃并保持 20 min。在每批样品测定的同时，取未采样的吸收工作液，按相同的操作步骤做试剂空白测定。

六、采样记录

当吸收溶液颜色明显减退时，即可停止采样，记录采样流量、时长和体积等，同时

记录采样时的温度和大气压力（表2-6-2）。

表2-6-2　大气中氯的测定采样记录

日期	起始时间	停止时间	采样时长（min）	吸收液体积（mL）	采样流量（mL/min）	氯气浓度（μg/m³）

气温：　　　　　　　　　　　　气压：

七、注意事项

（1）灵敏度：标准系列显色体积10 mL溶液中，含2 μg氯的吸光度与零标准管的吸光度值相比较，应减少0.12。

（2）检出下限和测定范围：检出限为0.3 μg/10 mL。若采样体积为20 L时，检出下限浓度为0.015 mg/m^3，测定范围为0.25～0.4 mg/m^3。

（3）精密度和准确度：当含氯量在1～8 μg/10 mL范围内，平均相对标准差为6%；含氯量在3～6 μg/10 mL范围，样品加标准溶液的回收率为93%～110%。

（4）干扰：盐酸气和氯化物不会干扰测定，但大气中存在的氧化性和还原性气体则有干扰。游离溴和二氧化氮可产生正干扰，二氧化硫和硫化氢产生负干扰。因此，现场测定时，需特别注意这些干扰物质的影响。

（5）吸收液需用分光光度计校准其合适浓度以提高灵敏度；配制标准系列与采样分析用的吸收液必须为同一批配制的，否则误差较大。

（6）吸收液不受日光直射与温度的影响，较为稳定，其贮备液可保存半年不变。采气速度以0.5 L/min为宜，以保证采样效率在85%以上。

（7）显色反应的稳定性：在25～30 ℃范围放置20～30 min，显色完全，呈色稳定。气温37 ℃并阳光直射2 h，再放置两昼夜，呈色基本无变化。

（8）实验研究发现，硫酸浓度在0.2～0.5 mol/L之间最为适宜，因此，本实验选择0.25 mol/L（1：6）硫酸。

八、结果计算

根据测定的样品吸光值，采用公式（2－6－1）计算空气中氯的浓度：

$$c = \frac{(A - A_0) \times B_S}{V_0} \qquad (2-6-1)$$

式中，c 为空气中氯的浓度，单位为 mg/m^3；A_0 为试剂空白溶液的吸光度；A 为样品溶液的吸光度；B_S 为用标准溶液绘制标准曲线得到的计算因子，单位为 μg；V_0 为换算成标准状况下采样体积，单位为 L。

九、结果分析和讨论

（1）大气中氯气有哪些来源？

（2）比色法测量氯气时为何需要将其转化为溴？

（3）为保证分析灵敏度，采用“标准色列显色体积 10 mL 溶液中，含 2 μg 氯的吸光度与零标准管的吸光度相比较，吸光度应减少 0.12 以上”的方法来验证灵敏度。为什么？试从标准曲线的斜率和截距的意义加以解释。

第 2 部分　氯化氢的测定

一、概述

氯化氢（HCl）为无色气体，带有刺激性气味，沸点为 －85 ℃，熔点为 －114 ℃，易溶于水（盐酸），也溶于乙醇和乙醚等。标准大气压下，1 L 水中能溶解 500 L 氯化氢气体。

大气中氯化氢常以气体或酸雾状态存在。氯化氢气体与空气中水蒸气作用形成的盐酸雾，具有强酸性，能刺激上呼吸道黏膜并引发气管炎，出现咳嗽、胸闷和头晕等症状。大气中氯化氢主要来源于生产和使用过程中的盐酸废气排放，其去除方式主要为大气沉降。

二、实验目的

通过学习大气中氯化氢浓度的测定方法，进一步了解其主要排放源及其对大气化学转化中的作用。学会大气中氯化氢浓度的测定原理及基本操作方法和步骤。

通过测定氯化氢浓度认识其在大气中的污染程度及严重性，提高对控制氯化氢排放重要性的认识。

三、实验原理

测定空气中氯化氢的方法，有离子选择性电极法（电位分析法）及硫氰酸汞比色法等。后者因使用有毒含汞试剂，一般不推荐使用。本实验主要介绍离子选择电极法。

空气中氯化氢通过硝酸溶液处理的聚氯乙烯滤膜后，被吸收在碱溶液浸渍过的快速定性滤纸上。用水洗脱，以氯离子选择电极测定其溶液的电位值，电位差的大小与溶液中氯离子活度的对数线性关系（能斯特方程）。根据测量溶液电位值计算出空气中氯化氢的浓度。

四、实验仪器和试剂

1. 实验仪器

（1）滤料采样夹：2 节式，直径 25 mm，苯乙烯透明材质。

（2）空气采样器：流量范围 5 ～ 30 L/min。流量稳定，用皂膜流量计校准采样系列。采样前、后的流量误差应小于 5%。

（3）离子活度计或精密酸度计：精度 ±1 mV。

（4）双盐桥饱和甘汞电极，内充饱和硝酸钾溶液。

（5）氯离子选择电极：浓度范围为 5×10^{-5} ～ 1 mol/L；pH 范围为 2 ～ 12；精度，±2%；电极电阻小于 1 MΩ；温度，0 ～ 80 ℃连续使用，80 ～ 100 ℃间断使用。

（6）磁力搅拌器：转速 100 ～ 2000 r/min 可调。

2. 试剂（所有试剂均用蒸馏水或去离子水配制）

（1）氢氧化钠吸收液（0.05 mol/L）：称取 2.0 g NaOH，溶于 1000 mL 水中，配制成 0.05 mol/L 的氢氧化钠溶液。

（2）无水乙醇：纯度≥99.5%。

（3）氯化银粉末：纯度≥99%。

（4）硝酸溶液（0.015 mol/L）：称取 1.35 g 70% 的硝酸溶液，倒入 1000 mL 水中，配制成 0.015 mol/L 的硝酸溶液。

（5）硫氰酸汞 - 乙醇溶液：称取 0.4 g 硫氰酸汞，用无水乙醇溶解成 100 mL 溶液。

（6）高氯酸：70% ～ 72%。

（7）硫酸铁铵溶液：称取 6.0 g 硫酸铁铵溶于 100 mL 高氯酸溶液（1 + 2）。

（8）氯化氢标准溶液：准确称量 0.2045 g 经 105 ℃干燥 2 h 的氯化钾（优级纯），用水溶解，移入 1000 mL 容量瓶并稀释至刻度。此溶液 1.00 mL 含 0.1 mg 氯化氢。再用吸收液稀释成 1.00 mL 含 10 μg 氯化氢的标准溶液，备用。

五、实验方法和步骤

1. 采样

串联两个各装 10 mL 吸收液的普通型气泡吸收管，以 2.5 L/min 流量采气 200 L。长时间采样，需注意吸收液体积损失，应及时补水。

2. 标准曲线绘制

各放 1 张浸渍滤纸于 7 个 50 mL 烧杯中，按表 2－6－3 制备标准系列。

表 2－6－3 氯化氢标准曲线系列

烧杯号	0	1	2	3	4	5	6
标准吸收液（mL）	0.00	0.20	0.40	0.60	0.80	1.00	1.20
水（mL）	50.00	49.80	49.60	49.40	49.20	49.00	48.80
氯化氢含量（μg）	0.00	2.00	4.00	6.00	8.00	10.00	12.00
电位值（mV）							

各烧杯中放入一根塑料套铁芯搅拌子，分别置于磁力搅拌器上，将滤纸搅成糊状，加入 0.05 g 氯化银粉末，充分摇匀。插入氯离子选择电极和双盐桥饱和甘汞电极，搅拌 3 min，静态读取平衡的电位值（2 min 内小于 1 mV 漂移）。以氯离子含量（μg）对电位值（mV）绘制标准曲线。

3. 样品测定

采样后，取下后面被碱溶液浸渍的滤纸，置于 50 mL 烧杯中，加 20 mL 0.015 mol/L 硝酸溶液，按绘制标准曲线中所述的操作步骤，测量样品溶液的 mV 值。根据标准曲线，可得氯离子含量（μg）。

在每批样品测定的同时，取未经采样的浸渍滤纸，按样品测定的相同操作步骤做试剂空白测量。

六、采样记录

采样后记录采样起止时间、采样时长、采样流量等，记入表 2－6－4。

表2-6-4　大气中氯化氢的采样记录

日期	起始时间	停止时间	采样时长（min）	吸收液体积（mL）	采样流量（mL/min）	氯化氢浓度（$\mu g/m^3$）

七、注意事项

1）灵敏度：测试溶液中氯离子浓度改变10倍时，电极的响应值之差为56±3 mV（25 ℃）。

2）检出下限浓度和测定范围：本法最低检出限为2 μg/20 mL。当采样体积为600 L时，检出下限浓度为0.003 mg/m^3；本方法测定范围为0.008～0.8 mg/m^3。

3）精密度和准确度：当测定50 mL含氯离子为10 μg和100 μg溶液时，12次重复测定的相对标准差分别为2.7%和0.7%；当测定50 mL含氯离子为30～88 μg溶液时，样品加标回收率应为94%～105%。

4）干扰与排除：

（1）本方法电极测量的是游离氯离子，因此测定空气中氯化氢的主要干扰为除氯化氢以外的氯化物。

（2）聚氯乙烯滤膜对氟化氢、溴、碘以及硫化氢气体的阻留亦较小，因此它们可能被后面的碱浸渍的纤维滤纸同时吸收。这些阴离子都能与Hg生成比Hg_2Cl_2溶度积小得多的难溶化合物。此时，在溶液中可加一定量的固体AgCl粉末，使其生成难溶性的溴化银、碘化银和硫化银沉淀，从而避免干扰Cl^-的测定。

（3）大量的硫化氢存在时对测定有干扰，此时可在50 mL测试溶液中，加入5 mL 0.1 mol/L乙酸锌溶液，使生成硫化锌沉淀，排除干扰。

5）氯离子选择电极在使用前（尤其是新电极）必须浸泡在去离子水中活化2～3天，并达到5×10^{-6} mol/L的线性检出下限。

6）使用及保存氯离子选择电极时都要尽量避光，测定完成后电极最好浸泡于纯水中保存。

八、结果计算

空气中的氯化氢浓度可根据公式（2-6-2）计算得到：

$$c=\frac{(A-A_0)\times1.03}{V_0} \tag{2-6-2}$$

式中，c 为空气中氯化氢浓度，单位为 mg/m^3；A 为样品滤纸溶液中氯离子含量，单位为 μg；A_0 为试剂空白溶液中氯离子含量，单位为 μg；1.03 为由氯离子换算成氯化氢的系数；V_0 为换算成标准状况下的采样体积，单位为 L。

九、结果分析和讨论

（1）与硫酸和硝酸相比，大气中氯化氢在污染形成过程中主要的作用是什么？

（2）离子交换法测量氯化氢的原理是什么？

（3）当测定回收率以验证实验方法准确性时，采用“当测定 50 mL 含氯离子为 30～88 μg 溶液时，样品加标回收率应为 94%～105%”，为什么给定了 30～88 μg 的验证范围？低于 30 μg 或者高于 88 μg 为什么达不到这样的回收率？

附录 A　副玫瑰苯胺提纯及检验方法

摘自《中华人民共和国国家环境保护标准》（HJ 482—2009）。

A1　试剂

A1.1　正丁醇

A1.2　冰醋酸

A1.3　盐酸溶液：$c(HCl) = 1$ mol/L

A1.4　乙酸 - 乙酸钠溶液：$c(CH_3COONa) = 1.0$ mol/L

称取 13.6 g 乙酸钠（$CH_3COONa \cdot 3H_2O$）溶于水，移入 100 mL 容量瓶中，加 5.7 mL 冰醋酸，用水稀释至标线，摇匀。此溶液 pH 为 4.7。

A2　试剂提纯方法

取正丁醇和 1 mol/L 盐酸溶液各 500 mL，放入 1000 mL 分液漏斗中盖塞振摇 3 min，使其互溶达到平衡，静置 15 min，待完全分层后，将下层水相（盐酸溶液）和上层有机相（正丁醇）分别转入试剂瓶中备用。称取 0.100 g 副玫瑰苯胺放入小烧杯中，加入平衡过的 1 mol/L 盐酸溶液 40 mL，用玻璃棒搅拌至完全溶解后，转入 250 mL 分液漏斗中，再用平衡过的正丁醇 80 mL 分数次洗涤小烧杯，洗液并入分液漏斗中。盖塞，振摇 3 min，静止 15 min，待完全分层后，将下层水相转入另一个 250 mL 分液漏斗中，再加 80 mL 平衡过的正丁醇，按上述操作萃取。按此操作每次用 40 mL 平衡过的正丁醇重复萃取 9～10 次后，将下层水相滤入 50 mL 容量瓶中，并用 1 mol/L 盐酸溶液稀释至标线，摇匀。此 PRA 贮备液约为 0.2%，呈橘黄色。

A3　副玫瑰苯胺贮备液的检验方法

吸取 1 mL 副玫瑰苯胺贮备液于 100 mL 容量瓶中，用水稀释至标线，摇匀。取稀释液 5 mL 于 50 mL 容量瓶中，加 5 mL 乙酸 - 乙酸钠溶液（A1.4）用水稀释至标线，摇匀，1 h 后测量光谱吸收曲线，在波长 540 nm 处有最大吸收峰。

参考文献

[1] 环境保护部. 环境空气　二氧化硫的测定　甲醛吸收 - 副玫瑰苯胺分光光度法：HJ 482—2009 [S]. 北京：中国环境科学出版社，2009.

[2] 环境保护部. 环境空气　氮氧化物（一氧化氮和二氧化氮）的测定　盐酸萘乙二胺分光光度法：HJ 479—2009 [S]. 北京：中国环境科学出版社，2009.

[3] 邱健，杨冠玲，何振江，等. 基于紫外荧光法的大气 SO_2 气体浓度分析仪 [J]. 仪器仪表学报，2008，29（1）：174 - 178.

[4] 王玮，杜晓庆. 探讨空气中二氧化硫的两种测定方法 [J]. 节能环保，2017，3：9 - 10.

[5] 李俊海. 大气环境中氮氧化物的监测与处理方法 [J]. 中国科技纵横，2015，13：22 - 23.

[6] 韩国萍，戴永生. 盐酸萘乙二胺分光光度法测定大气中二氧化氮浓度 [J]. 环境与发展，2018，30（4）：127 - 128.

[7] 环境保护部. 环境空气　氮氧化物（一氧化氮和二氧化氮）的测定　盐酸萘乙二胺分光光度法：HJ 479—2009 [S]. 北京：中国环境科学出版社，2009.

[8] 梅崖. 盐酸萘乙二胺分光光度法测定环境空气中的氮氧化物的适用性检验报告 [J]. 轻工科技，2013，171（2）：92 - 93.

[9] 赵留辉. 空气中氮氧化物含量测定方法探讨 [J]. 理论科学，2009，10：43 - 44.

[10] 环境保护部. 环境空气　臭氧的测定　靛蓝二磺酸钠分光光度法：HJ 504—2009 [S]. 北京：中国环境科学出版社，2009.

[11] 生态环境部. 环境空气　臭氧的测定　紫外光度法：HJ 590—2010 [S]. 北京：中国环境科学出版社，2010.

[12] 杨丽香，孙润泰，杨慧芳. 采用靛蓝二磺酸钠分光光度法测定环境空气中的臭氧（O_3）[J]. 中国卫生检验杂志，2007，17（6）：1029 - 1030.

[13] 刘莉，肖勇. 紫外光度法臭氧自动监测仪及其标准传递方法 [J]. 科技与创新，2016，1：72，75.

[14] 张丽萍，王久荣，陈闻，等. 气相色谱法测定大气中的 CO、CO_2 以及低级烃类物质 [J]. 分析测试学报，2017，36（9）：1119 - 1123.

[15] 童月婵，赵敏，李雪，等. 工作场所空气中硫化氢的分光光度法测定 [J]. 河南预防医学杂志，2014，25（1）：32 - 34.

[16] 国家环境保护局，国家技术监督局. 空气质量　二硫化碳的测定　二乙胺分光光

度法：GB/T 14680—1993［S］. 北京：中国标准出版社，1993.

［17］王春艳，张勇，韩建荣，等. 二乙胺分光光度法测定环境空气中二硫化碳影响因素的分析［J］. 仪器仪表与分析监测，2009，1：44－46.

［18］沈清，吴鹏，项徐伟. 室内空气中氯气检测方法的研究［J］. 江苏环境科技，2008，21（1）：51－53.

［19］中国预防医学科学院环境卫生监测所. 环境空气质量监测检验方法［M］. 北京：中国科学技术出版社，1991：216－219.

［20］中华人民共和国卫生部. 居住区大气中氯卫生检验标准方法　甲基橙分光光度法：GB 11736—89［S］. 北京：中国标准出版社，1989.

［21］崔九思，王钦源，王汉平. 大气污染监测方法［M］. 2 版. 北京：化学工业出版社，1997：810－814.

［22］中国预防医学科学环境卫生监测所. 环境空气质量监测检测方法［M］. 北京：中国科学技术出版社，1991：216－219.

第三章

大气中有机污染物的测定和光化学臭氧形成的模拟实验

实验一 大气中持久性有机污染物（POPs）的测定

一、概述

持久性有机污染物（persistent organic pollutants，POPs）是指主要由人类合成的、能持久存在于环境中，并通过生物食物链累积，对人类健康和环境造成有害影响的多种化学物质。除"致畸、致癌、致突变"（"三致"）作用外，POPs 的危害还包括引起过敏、中枢和周围神经系统损伤、免疫及生殖系统异常，部分化合物也能起到内分泌干扰物的作用。由于 POPs 具有高毒、持久、易生物积累及能发生长距离迁移等特性，控制和削减这类化合物已成为国际社会共识。在联合国环境规划署（United Nations Environment Programme，UNEP）主持下，国际社会于 2001 年 5 月 23 日在瑞典首都缔结了《关于持久性有机污染物的斯德哥尔摩公约》（简称 POPs 公约），旨在控制 POPs 污染。随着公约的执行，POPs 的直接排放和危险废物直接转移产生的危害逐渐降低，而残留 POPs 的再次释放以及随土壤、大气、水和生物体等环境介质的跨境迁移，受到越来越多的重视。在各环境介质中，大气具有流动性大、扩散范围广、对污染响应迅速等特点，故需格外注重严格控制大气中的持久性有机污染物。

POPs 主要包括农药、工业产品以及自然和人类活动的副产物三类，主要包括多环芳烃（PAHs），有机氯农药（OCPs）、多氯联苯（PCBs）以及多溴联苯醚（PBDEs）等化合物。其中，PAHs 是化学结构上至少包括两个稠环的芳环，按所含芳环数量通常被划分成低环和高环化合物；OCPs 大多由苯和环戊二烯合成，以氯代结构为特征，其结构稳定，在生物体和环境中降解速度都较慢，对人体或环境的影响时间较长；PCBs 是在联苯结构上连接 1～10 个数目不等的氯原子系列有机化合物。联苯的两个苯环可以处于共面或非共面的状态，共面结构的 PCBs 能产生与二噁英类化合物相似的毒害作用；PBDEs 的生产过程接近 PCBs，结构也相似，进而某些物理化学性质也呈现相同规律：随取代溴原子数的增加，亨利系数、蒸汽压、溶解度下降。

环境 POPs 类污染源通常可分为人为源和自然源，人为源又包括农业源和工业源，也可以根据环境过程将来源分为一次源和二次源。

PAHs 主要来自人类活动排放的含碳物质，如化石燃料（煤、石油、天然气）和木材等的不完全燃烧或者热裂解过程等。其自然源主要包括火灾和火山喷发等。此外，植物和微生物合成、地质成岩作用也能产生多种 PAHs。

OCPs 早期的来源主要是农业活动，这部分 OCPs 用量远高于其他用途。随着 POPs 公约的执行，目前农用 OCPs 的直接影响已经显著下降。但 OCPs 的半衰期较长，土壤、水体、沉积物中的残留物能在很长一段时间内存在。尤其是在某些 OCPs 禁用多年的地区，土壤挥发已经取代直接排放成为 OCPs 大气污染的主要原因。一些农药，如六氯苯（hexachlorobenzene，HCB），也可通过燃烧和工业生产过程释放出来。

PCBs 具有很好的绝缘特性，曾以封闭或半封闭的形式广泛用作变压器油、液压油、载热剂等，也可添加到塑料、橡胶、油漆、墨水、织物等化工产品中起增塑、润滑的作用。

PBDEs 主要作为阻燃剂添加在海绵、塑料、纺织品、电线、建筑材料等产品中，这些产品会缓慢释放 PBDEs。和 PCBs 类似，焚烧或加热可以促进 PBDEs 的释放。

二、实验目的

结合外场观测采样、实验室前处理以及样品分析，采集及测量空气中气相与颗粒相中 POPs 组成成分与浓度水平，并在此基础上分析其理化特性。掌握大气颗粒态与气态常规污染物的样品采集、前处理分析以及样品分析的方法；掌握气相色谱的原理、操作及数据处理等仪器分析技能。

三、实验原理

通过运用大流量采样器抽取一定体积的空气，使空气中的颗粒相与气相污染物分别被石英滤膜以及聚氨酯（PU）海绵收集。相关样品经有机溶剂萃取、分离富集和净化等过程，通过气相色谱（GC）对颗粒相和气相样品中的持久性有机物进行分离，并用质谱检测器（MS）或电子捕获检测器（ECD）进行检测。通过与标准物质质谱图和保留时间定性，内标法定量。

四、实验仪器和材料

1. 实验仪器

（1）气相色谱 - 质谱联用仪（GC-MS）：配备质谱检测器的气相色谱。

（2）气相色谱 - 电子捕获检测器联用仪（GC-ECD）：配备电子捕获检测器的气相色谱仪。

（3）大流量采样器：通过更换切割头，能实现 TSP、$PM_{2.5}$和 PM_{10}样品的采集。流量范围，$PM_{2.5}$和 PM_{10}为 40 SCFM；TSP 在 20 ～60 SCFM 范围可调，准确性为 ±2.5%（24 小时）。

（4）加速溶剂萃取仪：实现对固体和半固体样品基质的自动快速溶剂萃取（通常为 12 ～20 min）。

（5）干燥器：棕色，300 mm。

（6）分析天平：感量 0.1 mg。

（7）索氏抽提器：提取样品数在0～5个间可选；控温范围为5～100 ℃，控温精度为±0.3 ℃；配备自动回收系统，溶剂回收率大于等于80%。

（8）玻璃器皿：平底烧瓶（250 mL）；棕色样品瓶（20 mL）；细胞瓶（1.5 mL和100 μL）；玻璃层析柱（内径8 mm，长12 cm）；玻璃滴管（带胶帽，200 mm）。

注意：所有玻璃器皿在使用前，需用洗液（含5%重铬酸钾的浓硫酸溶液）浸泡4 h，再依次用自来水和蒸馏水冲洗，100 ℃烘干，并在450 ℃灼烧4 h。接触样品前再以少量二氯甲烷润洗。

（9）实验工具：剪刀和镊子，使用前用二氯甲烷擦洗。

（10）滤纸：用二氯甲烷索氏抽提72 h，干燥后备用。

2. 实验材料

（1）有机试剂：二氯甲烷、正己烷和丙酮，均为色谱纯。

（2）浓硫酸：纯度95%～98%（色谱纯）。

（3）盐酸：30%（色谱纯）。

（4）硅胶和氧化铝：80～100目柱层析用硅胶，100～200目柱层析用氧化铝，滤纸包好后以二氯甲烷索氏抽提72 h，真空干燥，分别以180 ℃和250 ℃活化8 h，冷却后加3%的蒸馏水活化，密封，储存于干燥器内备用。

（5）硫酸硅胶制备：称取一定量去活化硅胶，加入同等重量的分析纯浓硫酸，边滴边振荡，直至完全混合均匀，密封，储存于干燥器内备用。

（6）无水硫酸钠：分析纯，450 ℃灼烧4 h。

（7）铜片：纯度>99%、厚度0.3 mm，剪刀剪成1～3 mm^2的小块，用10%稀盐酸清洗去除表面氧化铜，依次用蒸馏水、丙酮和二氯甲烷分别清洗3次，备用。

（8）PAHs标准物质：16种PAHs，即萘、苊、二氢苊、芴、菲、蒽、荧蒽、芘、苯并（a）蒽、屈、苯并（b）荧蒽、苯并（k）荧蒽、苯并（a）芘、茚并（1，2，3－cd）芘、二苯并（a，h）蒽、苯并（ghi）苝混合标准溶液；回收率指示物萘－d8、二氢苊－d10、菲－d10、屈－d12、苝－d12；内标物六甲基苯；NIST SRM 1941（Department of Commerce's National Institute of Standards and Technology，Gaithersburg，MD）。

（9）OCPs标准物质（US－1128）：21种有机氯农药（α－六六六、β－六六六、γ－六六六、δ－六六六、七氯、艾氏剂、七氯环氧化物、γ－氯丹、α－硫丹、α－氯丹、狄氏剂、p，p′－DDE、异狄氏剂、β－硫丹、p，p′－DDD、o，p′－DDT、异狄氏剂醛、硫丹硫酸盐、p，p′－DDT、异狄氏剂酮、甲氧滴滴涕）混合标样。

（10）有机氯农药回收率指示物：2，4，5，6－四氯间二甲苯（TCmX）、PCB30、PCB198、PCB209，内标为PCNB、PCB54。

（11）PCB标准物质：PCB8、PCB28、PCB37、PCB44、PCB49、PCB52、PCB60、PCB66、PCB70、PCB74、PCB77、PCB82、PCB87、PCB99、PCB101、PCB105、PCB114、PCB118、PCB126、PCB128、PCB138、PCB156、PCB158、PCB166、PCB169、PCB170、PCB179、PCB183、PCB187、PCB189、PCB198、PCB209组成的混合标样。

（12）PBDE 标准物质：BDE28、BDE35、BDE47、BDE99、BDE100、BDE153、BDE154、BDE183、BDE209 组成的混合标样。

（13）PU 海绵：直径6.5 cm、长7.5 cm、密度0.030 g/cm^3，均用加速溶剂萃取仪净化。海绵在1500 psi 和100 ℃的条件下，以3∶1的二氯甲烷/丙酮混合溶剂洗涤两次，每次循环10 min。

抽提干净、真空干燥后的海绵，用干净的棕色瓶或铝箔纸包好，密封，存放于－18 ℃的冰箱中。

（14）石英玻璃滤膜（QFF）：滤膜（Grade GF/A，20.3 cm×25.4 cm，Whatman，Maidstone，England）分别用铝箔纸包好后放入马弗炉内，于450 ℃灼烧4 h后取出，密封，待其干燥稳定后分别标号并称重。

（15）滤膜袋：干净，无尘。

五、实验方法和步骤

1. 平衡室条件要求

称量用天平放置在平衡室内，平衡室温度在20～25 ℃之间，温度变化小于3 ℃，相对湿度小于50%，湿度变化小于5%。

2. 滤膜恒重

使用前，首先仔细检查滤膜是否完好，无破损。小心将滤膜置于恒温恒湿干燥器内平衡24 h。

3. 滤膜称重

使用读数准确至0.1 mg以上的分析天平称量已平衡24 h的滤膜，记下滤膜的编号和重量，将其平展地放入光滑洁净的纸袋内，贮存于盒内备用。

4. 采样步骤

（1）采样点的布设：实验开始前在校园内选取适合的采样点，点位尽量选择开阔地域，避免人为偶然污染源的影响，全班可分为5～6组，每组负责一个采样点，点位可覆盖校园内代表性区域。

（2）采样器安装：选取开阔的场地安装好采样器，接通电源，按照开机方法测试仪器是否正常工作。

（3）样品采集：使用大流量采样器，采样器接触样品部分用二氯甲烷清理干净，依次放入海绵与滤膜，采样约24 h。详细记录采样的开始、结束时间及对应的压力，以

计算实际采样体积。

5. 样品前处理

将样品用干净滤纸包好后置于索氏抽提管内（大气颗粒物样品取3/4），底瓶中加入干净铜片以及6种氘代PAHs（萘－d8、二氢苊－d10、菲－d10、屈－d12、苝－d12）、TcmX、PCB 30、PCB 198和PCB209作为回收率指示物，以二氯甲烷索氏抽提48 h。

以旋转蒸发仪将二氯甲烷抽提液浓缩至约1 mL。加入约2 mL的正己烷转化溶剂，旋转蒸发至剩余1 mL溶剂，重复3次，确保溶剂全部交换成正己烷。

在玻璃层析柱中从下至上分别填入约3 cm的中性氧化铝、3 cm的中性硅胶和1 cm的无水硫酸钠。将浓缩后的提取液全部转移入层析柱顶端，用约15 mL正己烷/二氯甲烷（1∶1，*v/v*）混合液淋洗。洗脱液收集到20 mL的棕色样品瓶中，以柔和高纯氮气吹至约0.5 mL，再全部转移至1.5 mL细胞瓶中，定容至约400 μL冷冻保存。测定前加入1000 ng六甲基苯内标物，用GC-MS测定PAHs含量。

在玻璃层析柱中从下至上分别填入约1 cm中性氧化铝、3 cm酸性硅胶、1 cm无水硫酸钠。将测定完毕的样品全部转移入层析柱，用约8 mL正己烷淋洗。洗脱液收集到10 mL的棕色样品瓶中，以柔和高纯氮气吹少至约0.5 mL，再全部转移至1.5 mL尖嘴细胞瓶中，定容至100 μL，冷冻保存。测定前加入内标物PCNB、BDE77和PCB54各20 ng，用GC-ECD测定OCPs含量，用GC-MS测定PCBs和BDEs含量。

6. 仪器分析

（1）PAHs的分析方法：使用气相色谱－质谱联用仪测定多环芳烃。用安捷伦HP－5MS（柱长30 m，内径0.25 mm，液膜厚度0.25 μm）色谱柱分离。进样口温度为280 ℃，以不分流模式进样1 μL。以氦气为载气，控制1.2 mL/min恒定流速。升温程序为60 ℃保留5 min，以3 ℃/min升温到290 ℃后保留30 min。离子源为电子轰击离子（EI）源，温度为230 ℃，检测器在*m/z*：50～500范围内全扫描。色谱数据以安捷伦色谱工作站处理，化合物的定量采用6点校正曲线和内标法进行。

（2）OCPs的分析方法：使用气相色谱仪－电子捕获检测器（GC-ECD）联用测定有机氯农药。用瓦里安CP-Sil 8 CB（柱长50 m，内径0.25 mm，液膜厚度0.25 μm）毛细管柱分离。进样口温度为250 ℃，以不分流模式进样1 μL。以高纯氮气为载气，控制1.1 mL/min恒定流速。升温程序为60 ℃保留1 min，以7 ℃/min升温到180 ℃，然后再以3 ℃/min升温到205 ℃，最后以6 ℃/min的速度升温到290 ℃后保留30 min。检测器温度为315 ℃。色谱数据以色谱工作站处理，化合物的定量采用6点校正曲线和内标法进行。

（3）PCBs的分析方法：使用气相色谱－质谱仪联用测定多氯联苯。用瓦里安CP-Sil 8 CB（柱长50 m，内径0.25 mm，液膜厚度0.25 μm）毛细管柱分离。进样口温度为 250 ℃，以不分流模式进样 1 μL。以高纯氮气为载气，控制 1.83 mL/min 恒定流速。升温程序为 150 ℃保留 3 min，以 4 ℃/min 升温到 290 ℃后保留 20 min。离子源为 EI 源，温度为 230 ℃，检测器以单扫描的模式检测 m/z：di-CBs（222，220），tri-CBs（256，258，186），tetra-CBs（292，290，220），penta-CBs（326，324，254），hexa-CBs（360，362，290），hepta-CBs（396，394，324），oct-CBs（428，430，358），deca-CBs（498，500，428）的特征碎片离子。色谱数据以色谱工作站处理，化合物的定量采用 6 点校正曲线和内标法进行。

（4）PBDEs 的分析方法：使用气相色谱 - 质谱联用仪测定多溴联苯醚。安捷伦 DB - 5MS（柱长 30 m，内径 0.25 mm，液膜厚度 0.25 μm）毛细管色谱柱用于分离，另一 VFS 色谱柱（柱长 10 m，内径 0.25 mm，液膜厚度 0.25 μm）用于测定 BDE - 209。进样口温度为 290 ℃，以不分流模式进样 1 μL。以高纯氮气为载气，控制 1.83 mL/min 恒定流速。升温程序为 130 ℃保留 1 min，以 12 ℃/min 升温到 155 ℃后再以 4 ℃/min 升温到 300 ℃ 保留 10 min。离子源为负化学电离（NCI）源，温度 150 ℃。检测器在以单扫描的模式检测 m/z：79，81，476，478，487，488，489，498，499，500 的碎片离子。色谱数据以色谱工作站处理，化合物的定量采用 6 点校正曲线和内标法进行。

7. 标准曲线的绘制

采用倍比稀释法配制标准曲线中的标准样品浓度。配制目标物浓度分别为 0.4 mg/L、1.0 mg/L、2.0 mg/L、4.0 mg/L、8.0 mg/L、10.0 mg/L（可根据实际样品情况调整）的标准系列，每个标准样品中准确加入 10 μL 浓度为 400 μg/mL 的内标溶液。按照仪器参考条件，依次从低浓度到高浓度进行测定。按照公式（3 - 1 - 1）计算目标物的相对响应因子（RRF），再按照公式（3 - 1 - 2）计算目标物全部标准浓度点的平均相对响应因子（$\overline{RRF}$）

$$RRF_i = \frac{A_s}{A_{is}} \times \frac{\rho_{is}}{\rho_s} \tag{3-1-1}$$

式中，RRF_i为目标化物的相对响应因子，无量纲；A_s为标准溶液中待测化合物的定量离子的峰面积；A_{is}为内标化合物定量离子峰面积；ρ_{is}为内标化合物的浓度，单位为 μg/mL；ρ_s为标准溶液中目标化合物的浓度，单位为 μg/mL。

$$\overline{RRF_i} = \frac{\sum_{i}^{n} RRF_i}{n} \tag{3-1-2}$$

式中，$\overline{RRF_i}$为目标物的平均相对响应因子，无量纲；RRF_i为标准系列中第 i 点目标物的相对响应因子，无量纲；n 为标准系列点数。

六、结果计算和表示方法

样品中目标化合物的质量浓度（ρ）按照公式（3 - 1 - 3）和公式（3 - 1 - 4）

计算：

$$\rho = \frac{\rho_i \times V \times DF}{V_s} \tag{3-1-3}$$

$$\rho_i = \frac{\rho_{is} \times A_i}{RRF_i \times A_{is}} \tag{3-1-4}$$

式中，ρ 为样品中目标化合物的质量浓度，单位为 μg/m³；ρ_i 为从平均相对响应因子或标准曲线得到目标化合物的质量浓度，单位为 μg/mL；A_i 为目标化合物的定量离子峰面积；V 为样品的浓缩体积，单位为 mL；V_s 为标准状况下的采样总体积，单位为 m³；DF 为稀释因子。

当环境空气样品中持久性有机物的浓度大于等于 0.01 μg/m³时，结果保留三位有效数字；小于 0.01 μg/m³时，结果保留至小数点后四位。

七、质量保证和质量控制

（1）为保证仪器的稳定性，每天分别用 PAHs、OCPs、PCBs、PBDEs 的一个标样浓度进行校正，仪器偏差控制在 ±10% 内，若出现较大偏差，需重新建立分析的标准曲线。

（2）采用预先净化的 PU 海绵与滤膜作为实验空白。

（3）空白样品为预先净化的 PU 海绵及滤膜，与样品同样的方式运输至采样点、放入采样器，但不进行采样。

（4）实验空白与样品空白均采取同样的前处理与分析方法对目标化合物的含量进行测定，目标化合物含量要求低于仪器检出限或者低于样品中平均含量的 5%。

八、结果分析和讨论

（1）确定不同浓度标准样品的出峰信号与浓度成较好（$R^2 > 0.99$）的线性关系。

（2）结合出峰时间和质谱碎片等信号确定目标污染物；通过样品中污染物的出峰信号、标准曲线以及内标法，确定不同颗粒相和气相样品中的持久性有机物的浓度，并与其他城市或者文献数据进行对比，获得持久性有机污染物的空间分布特征及其影响因子。

实验二　大气中挥发性有机物的测定

一、概述

挥发性有机化合物（VOCs）是光化学烟雾污染的重要前体物，其在光照条件下与氮氧化物（NO_x）发生反应，生成臭氧与二次有机气溶胶（$PM_{2.5}$的二次有机成分）等二次污染物。大气中VOCs的许多组分都是有毒有害物质，甚至是致癌物，严重危害人体健康。VOCs组分繁多，来源复杂，其来源主要包括人为源以及生物源。其中，汽车尾气排放、生物质燃烧、工业排放以及溶剂使用是城市大气VOCs的主要人为排放源。另外，大气中每个VOC物种的浓度和光化学反应活性存在差异，其光化学反应活性可以反映物种在大气中的反应程度和对臭氧以及二次有机气溶胶生成的贡献，是制定减排政策以缓解臭氧等污染时的一个重要考虑因素。因此，弄清VOCs的来源特征和演变规律，识别关键组分并探索其大气化学转化机制，量化这些机制如何影响大气氧化能力及区域大气复合污染，既是这一领域的国际学术前沿，也是我国重点区域大气$PM_{2.5}$和O_3协同控制亟须突破的基础科学问题。

二、实验目的

本实验利用苏玛罐对大气中VOCs进行采样，并通过现行的国家环境保护标准《环境空气　挥发性有机物的测定　罐采样/气相色谱－质谱法（HJ 759—2015）》对大气中的VOCs进行分析测量。基于实验结果对城市大气中VOCs的组成成分、浓度水平以及光化学反应性进行分析。通过本实验，使学生掌握目前主流的大气挥发性有机物采样与分析方法，加深学生对大气光化学污染、挥发性有机物来源及其反应性的认识。

三、实验原理

通过运用内壁惰性化处理的不锈钢罐（如苏玛罐）采集一定体积的环境空气样品，经冷阱浓缩、热解析后，进入气相色谱分离，并用火焰离子化（FID）、电子捕获（ECD）和质谱（MS）等检测器进行检测。通过标准物质色谱图、质谱图和保留值定性，采用内标法定量。利用采样罐抽取一定体积的空气，使空气中的颗粒相与气相污染物分别被石英滤膜以及PU海绵收集。相关样品及有机溶剂萃取洗脱、富集，最终利用气相色谱对颗粒相与气相的持久性有机物进行量化分析。

四、实验仪器和材料

1. 实验仪器

（1）气相色谱－质谱联用仪：气相部分具有电子流量控制器，柱温箱具有程序升温功能，可配备柱温箱冷却装置。质谱部分具有 70 eV 电子轰击离子源（EI），有全扫描/选择离子扫描（SIM）、自动/手动调谐、谱库检索等功能。

（2）毛细管色谱柱：60 m×0.25 mm，1.4 μm 膜厚（6%腈丙基苯基－94%二甲基聚硅氧烷固定液），或其他等效毛细管色谱柱。

（3）气体冷阱浓缩仪：具有自动定量取样及自动添加标准气体、内标的功能。至少具有二级冷阱，即第一级冷阱能冷却到－180 ℃，第二级冷阱能冷却到－50 ℃，若具有冷冻聚焦功能的第三级冷阱（能冷却到－180 ℃），则效果更好。气体浓缩仪与气相色谱－质谱联用仪连接管路均使用惰性化材质，并能在 50～150 ℃范围内加热。

（4）浓缩仪自动进样器：可实现采样罐样品自动进样。

（5）罐清洗装置：能将采样罐抽至真空（＜10 Pa），具有加温、加湿、加压清洗功能。

（6）气体稀释装置：最大稀释倍数可达 1000 倍。

（7）采样罐：内壁惰性化处理的不锈钢采样罐，容积有 3.2 L、6 L 等规格。耐压值大于 241 kPa。

（8）液氮罐：不锈钢材质，容积为 100～200 L。

（9）流量控制器：与采样罐配套使用，使用前用标准流量计校准。

（10）校准流量计：在 0.5～10.0 mL/min 或 10～500 mL/min 范围内精确测定流量。

（11）真空压力表：精度要求≤7 kPa（1 psi）；压力范围，－101～202 kPa。

（12）过滤器：孔径≤10 μm。

2. 实验材料

（1）标准气：浓度为 1 μmol/mol。高压钢瓶保存，钢瓶压力不低于 1 MPa，可保存 1 年（或参见标气证书的相关说明）。可根据实际工作需要，购买有证标准气体或在有资质单位定制合适的混合标准气体。

（2）标准使用气：使用气体稀释装置，将标准气用高纯氮气稀释至 10 nmol/mol，可保存 20 d。

（3）内标标准气（有证标准物质）：组分为一溴一氯甲烷、1，2－二氟苯和氯苯－d5。浓度均为 1 μmol/mol。高压钢瓶保存，钢瓶压力不低于 1.0 MPa。可保存 1 年。

（4）内标标准使用气：使用气体稀释装置，将内标标准气用高纯氮气稀释至 100 nmol/mol，可保存 20 d。

（5）4－溴氟苯标准气：浓度为 1 μmol/mol，与内标标准气混合在一起，高压钢瓶保存，钢瓶压力不低于 1.0 MPa，可保存 1 年。

（6）4－溴氟苯标准使用气体：使用气体稀释装置，将 4－溴氟苯标准气体，用高纯氮气稀释至 100 nmol/mol，可保存 20 d。

（7）氦气：≥99.999%。

（8）高纯氮气：≥99.999%，带除烃装置。

（9）高纯空气：≥99.999%，带除烃装置。

（10）液氮：纯度≥99.999%。

五、实验方法和步骤

1. 采样前准备

罐清洗：使用罐清洗装置对采样罐进行清洗，清洗过程中可对采样罐进行加湿，降低罐体活性吸附。必要时可对采样罐在 50～80 ℃进行加温清洗。清洗完毕后，将采样罐抽至真空（＜10 Pa），待用。

每清洗 20 只采样罐应至少取一只罐注入高纯氮气分析，确定清洗过程是否清洁。每个被测高浓度样品的真空罐在清洗后，在下一次使用前均应进行本底污染的分析。

2. 采样

实验开始前，在校园内选取适合的采样点，点位尽量选择开阔地域，避免人为偶然污染源的影响，全班可分为 5～6 组，每组负责一个采样点，点位可覆盖校园内代表性区域。采用瞬时采样方法进行罐采样。

将清洗后并抽成真空的采样罐带至采样点，安装过滤器后，打开采样罐阀门，开始采样。待罐内压力与采样点大气压力一致后，关闭阀门，用密封帽密封。记录采样时间、地点、温度、湿度、大气压等。采样后，将样品运回实验室，尽快完成分析（20 天内）。

3. 样品制备

实际样品分析前，须使用真空压力表测定罐内压力。若罐压力小于 83 kPa，必须用高纯氮气加压至 101 kPa，并按照公式（3－2－1）计算稀释倍数。

$$f = \frac{Y_a}{X_a} \tag{3-2-1}$$

式中，f 为稀释倍数，无量纲；X_a 为稀释前的罐压力，单位为 kPa；Y_a 为稀释后的罐压力，单位为 kPa。

4. 空白制备

（1）实验室空白。将预先清洗好并抽至真空的采样罐与气体稀释装置连接，打开高纯氮气或高纯空气阀门。待采样罐压力达到预设值（一般为101 kPa）后，关闭采样罐阀门以及钢瓶气阀门。根据实验要求，可于每学期实验前后分别制作一个实验室空白。

（2）运输空白。将高纯氮气或者高纯空气注入预先清洗好并抽至真空的采样罐带至采样现场，与同批次采集样品后的采样罐一起送回实验室分析。根据实验要求，可于每学期实验前后分别制作一个运输空白。

5. 试样分析步骤

1）仪器参考条件。

（1）冷阱浓缩仪参考条件。

取样体积：400 mL。

一级冷阱：捕集温度，－150 ℃；捕集流速，100 mL/min；解析温度，10 ℃；阀温，100 ℃；烘烤温度，150 ℃；烘烤时间，15 min。

二级冷阱：捕集温度，－15 ℃；捕集流速，10 mL/min；捕集时间，5 min；解析温度，180 ℃；解析时间，3.5 min；烘烤温度，190 ℃；烘烤时间，15 min。

三级聚焦：聚焦温度，－160 ℃；解析时间，2.5 min；烘烤温度，200 ℃；烘烤时间，5 min。

传输线温度：120 ℃。

（2）气相色谱参考分析条件。

进样口温度，140 ℃；溶剂延迟时间，5.6 min；载气流速，1.0 mL/min；初始温度35 ℃，保持5 min，然后以5 ℃/min升温至150 ℃，保持7 min，再以10 ℃/min升温至200 ℃，保持4 min。

（3）质谱参考分析条件。

接口温度，250 ℃；离子源温度，230 ℃；扫描方式，EI（全扫描）或选择离子扫描（SIM）；扫描范围，35～300 amu。

注：不同型号仪器的最佳工作条件不同，应按照仪器使用说明书进行操作。本说明根据国家标准《环境空气　挥发性有机物的测定　罐采样/气相色谱－质谱法（HJ 759—2015）》给出了仪器参考条件。

2）仪器性能检查。

在分析样品前，需要检查GC/MS的仪器性能。将4－溴氟苯标准使用气体经大气浓缩仪进样50.0 mL，得到的BFB关键离子丰度必须符合溴氟苯关键离子丰度标准（表3－2－1）。

表3-2-1 溴氟苯关键离子丰度标准

质量	离子丰度标准	质量	离子丰度标准
50	质量95的8%～40%	174	质量95的50%～120%
75	质量95的30%～66%	175	质量174的4%～9%
95	基峰，100%相对丰度	176	质量174的93%～101%
96	质量95的5%～9%	177	质量176的5%～9%
173	小于质量174的2%		

3）标准曲线的绘制。

（1）标准使用气体（10 nmol/mol）配制：将标准气钢瓶和高纯氮气钢瓶与气体稀释装置连接，设定稀释倍数，打开钢瓶阀门调好两种气体的流速，待流速稳定后取预先清洗好并抽好真空的采样罐连在气体稀释装置上，打开采样罐阀门开始配制。待罐压达到预设值（一般为172 kPa）后，关闭采样罐阀门以及钢瓶气阀门。

（2）内标使用气体（100 nmol/mol）配制：将内标标准气按（1）步骤配制而成。

（3）绘制校准曲线：分别抽取50.0 mL、100 mL、200 mL、400 mL、600 mL、800 mL标准使用气，同时加入50.0 mL内标标准使用气，配制目标物浓度分别为1.25 nmol/mol、2.5 nmol/mol、5.0 nmol/mol、10.0 nmol/mol、15.0 nmol/mol和20.0 nmol/mol（可根据实际样品情况调整）的标准系列，内标物浓度为12.5 nmol/mol。按照仪器参考条件，依次从低浓度到高浓度进行测定。按照公式（3-2-2）计算目标物的相对响应因子（RRF），按照公式（3-2-3）计算目标物全部标准浓度点的平均相对响应因子（$\overline{RRF}$）

$$RRF = \frac{A_x}{A_{is}} \times \frac{\varphi_{is}}{\varphi_x} \tag{3-2-2}$$

式中，RRF为目标化物的相对响应因子，无量纲；A_x为目标化合物定量离子峰面积；A_{is}为内标化合物定量离子峰面积；φ_{is}为内标化合物的摩尔分数，单位为nmol/mol；φ_x为目标化合物的摩尔分数，单位为nmol/mol。

$$\overline{RRF} = \frac{\sum_{i}^{n} RRF_i}{n} \tag{3-2-3}$$

式中，$\overline{RRF}$为目标物的平均相对响应因子，无量纲；RRF_i为标准系列中第i点目标物的相对响应因子，无量纲；n为标准系列点数。

4）样品测定。

将制备好的样品连接至气体冷阱浓缩仪，取400 mL样品浓缩分析，同时加入50 mL内标标准使用气，按照仪器参考条件进行测定。

5）空白样品测定。

按照与样品测定相同的操作步骤进行实验室空白和运输空白的测定。

六、结果计算和表示方法

1. 定性分析

以全扫描方式进行测定，以样品中目标物的相对保留时间、辅助定性离子和定量离子间的丰度比与标准中目标物对比来定性。样品中目标化合物的相对保留时间与校准系列中该化合物的相对保留时间的偏差应在 ±3.0% 内。样品中目标化合物的辅助定性离子和定量离子峰面积比（$Q_{样品}$）与标准系列目标化合物的辅助定性离子和定量离子峰面积比（$Q_{标准}$）的相对偏差控制在 ±30% 以内。按照公式（3－2－4）计算相对保留时间 RRT。

$$RRT = \frac{RT_c}{RT_{is}} \qquad (3-2-4)$$

式中，RRT 为目标化合物相对保留时间，无量纲；RT_c 为目标化合物的保留时间，单位为 min；RT_{is} 为内标物的保留时间，单位为 min。

按照公式（3－2－5）计算平均相对保留时间（$\overline{RRF}$）：标准系列中同一目标化合物的相对保留时间平均值。

$$\overline{RRF} = \frac{\sum_{i}^{n} RRT_i}{n} \qquad (3-2-5)$$

式中，$\overline{RRF}$ 为目标物的平均相对保留时间，无量纲；RRT_i 为标准系列中第 i 点目标物的相对保留时间，无量纲；n 为标准系列点数。

按照公式（3－2－6）计算辅助定性离子和定量离子峰面积比

$$Q = \frac{A_q}{A_t} \qquad (3-2-6)$$

式中，Q 为辅助定性离子和定量离子峰面积比；A_t 为定量离子峰面积；A_q 为辅助定型离子峰面积。

2. 定量分析

采用平均相对响应因子进行定量计算，目标物的含量按照公式（3－2－7）进行计算。

$$\rho = \frac{A_x}{A_{is}} \times \frac{\varphi_{is}}{\overline{RRF}} \times \frac{M}{22.4} \times f \qquad (3-2-7)$$

式中，ρ 为样品中目标物的浓度，单位为 $\mu g/m^3$；A_x 为样品中目标物的定量离子峰面积；A_{is} 为样品中内标物的定量离子峰面积；φ_{is} 为内标化合物的摩尔分数，单位为 nmol/mol；$\overline{RRF}$ 为目标物的平均相对响应因子，无量纲；f 为稀释倍数，无量纲；M 为目标物的摩尔质量，单位为 g/mol；22.4 为标准状态下（273.15 K，101.325 kPa 下）气体的摩尔体积，单位为 L/mol。

3. 结果表示

当测定结果小于 100 μg/m^{3}时，保留小数点后一位有效数字；当测定结果大于等于 100 μg/m^{3}时，保留三位有效数字。

七、结果分析和讨论

在获得监测结果的基础上，对挥发性有机物化合物的浓度，组成成分以及光化学反应性进行分析：

（1）不同采样站点挥发性有机物的浓度水平如何?

（2）主要的挥发性有机物组分是哪些? 这些组分的浓度水平与其他城市的对比如何?

（3）对臭氧生成潜势（ozone formation potential，OFP）贡献显著的挥发性有机物组分是哪些?

实验三　大气中醛酮类化合物的测定

一、概述

醛酮类化合物是一类含有羰基（C=O）的挥发性有机物。醛酮类化合物的来源非常复杂，它们不仅来自不同人为源与生物源的直接排放，还能通过碳氢化合物氧化二次生成。研究发现，甲醛、乙醛与丙酮是环境大气中含量最高的3种醛酮类化合物。不同地区的醛酮类化合物的浓度水平及时空分布主要跟一次排放、二次生成、化学物理转化、气团传输以及沉降等因素有关。

醛酮类化合物的来源及化学物理转化对大气环境有重要影响。首先，它们是碳氢化合物经氧化剂氧化生成的二次中间产物。其次，醛酮类化合物的光解所产生过氧羟基自由基，对大气氧化性有重要影响。此外，大气中的醛酮类化合物也可被自由基氧化，导致二次污染物（如臭氧）和二次有机气溶胶（SOA）的生成。另外，部分羰基化合物是毒性物质，对生物体有潜在的致癌与致畸作用。因此，厘清醛酮类化合物的浓度水平、来源及其转化是有效分析大气氧化性、详尽诠释二次污染形成机制、科学认识我国区域大气复合污染形成的关键，更是制定有针对性控制策略的迫切需要。

二、实验目的

本实验利用含有2，4－二硝基苯肼（DNPH）的采样管采集大气中的醛酮类化合物，并通过现行的国家环境保护标准《环境空气　醛、酮类化合物的测定　高效液相色谱法》（HJ 683—2014）进行分析测量。基于实验结果分析大气中醛酮类化合物成分、浓度水平及光化学反应性。通过本实验，使学生掌握目前主流的大气醛酮类化合物采样与分析方法，加深学生对大气光化学污染、大气关键醛酮类化合物及其反应性的认识。

三、实验原理

将涂渍2.4－二硝基苯肼（DNPH）强酸溶液的硅胶进行填充，制成采样管。该采样管采集一定体积的空气样品，样品中的醛酮类化合物经强酸催化与涂渍于硅胶上的DNPH反应，生成稳定的有色腙类衍生物。实验原理见图3－3－1。

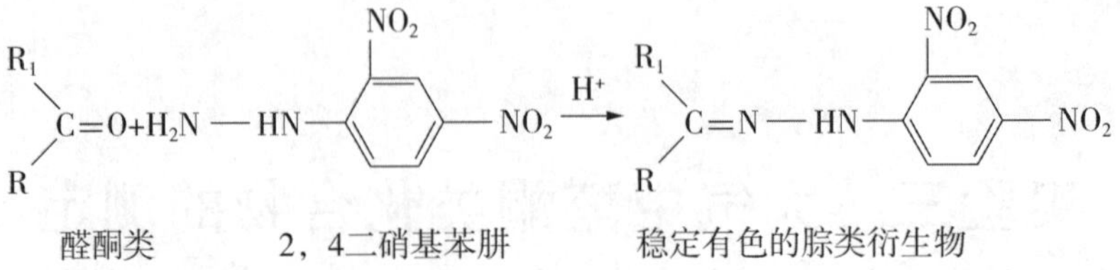

$$\mathrm{R_1(R)C{=}O + H_2N{-}HN{-}C_6H_3(NO_2)_2 \xrightarrow{H^+} R_1(R)C{=}N{-}HN{-}C_6H_3(NO_2)_2}$$

醛酮类　　2，4二硝基苯肼　　稳定有色的腙类衍生物

反应式中，R 和 R_1 代表烷基和芳香基（酮）或氢原子（醛）。

图3－3－1　实验原理

采样管经乙腈洗脱后，使用配有紫外（360 nm）或二极管阵列检测器的高效液相色谱仪分离、分析洗脱液。以保留时间定性，以峰面积定量。在获得醛酮类化合物的成分组成与浓度水平后，利用最大反应增量系数法计算不同组分的臭氧生成潜势。

臭氧易与 DNPH 及其腙类反应产物发生反应，从而影响测量结果。因此，采样时需在采样管前串联臭氧去除柱，消除其干扰。

四、实验仪器和材料

1. 实验仪器

（1）恒流气体采样器：采样器采样流量在 200 ～1000 mL/min 范围内可调，流量稳定。当用采样管调节气体流速并使用一级流量计（如一级皂膜流量计）校准流量时，流量应满足前后两次误差小于 5% 的要求。

（2）高效液相色谱仪（HPLC）：具有紫外检测器或二极管阵列检测器和梯度洗脱功能。

（3）色谱柱：C_{18} 柱，4. 60 mm × 250 mm，粒径为 5. 0 μm，或其他等效色谱柱。

2. 实验材料

（1）乙腈（CH_3CN）：色谱纯，避光保存。

（2）空白试剂水：去离子水，经检验，醛酮含量应低于方法检出限。

（3）标准贮备液（100 μg/mL）：醛酮类－2，4－二硝基苯腙衍生物标准溶液，浓度以醛酮类化合物计。可于 4 ℃避光保存 2 个月。

（4）标准使用液（10 μg/mL）：量取 1. 0 mL 标准贮备液于 10mL 容量瓶中，用乙腈稀释至刻度，混匀。

（5）一次性 DNPH 采样管：涂渍 DNPH 的填充柱采样管（填充粒径 10 μm 的填料约 1000 mg）为市售商品化产品。采样管应避光低温（ <4 ℃）保存，并尽量减少保存时间以免空白值过高。

（6）一次性臭氧去除柱：涂渍碘化钾（KI）的填充柱为市售商品化产品。

（7）一次性注射器：5 mL 医用无菌注射器。

（8）针头过滤器：0.45 μm 有机滤膜。

五、实验步骤

1. 采样

（1）采样点的布设：在校园内选取适合的采样点，点位尽量选择开阔地域，避免人为偶然污染源的影响，全班可分为5～6组，每组负责一个采样点，点位可覆盖校园内代表性区域。

（2）采样系统：由恒流气体采样器、采样导管、臭氧去除管与DNPH采样管组成（图3-3-2）。

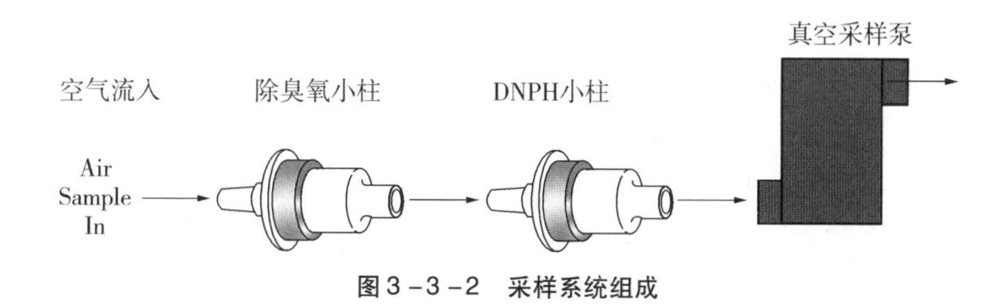

图3-3-2　采样系统组成

（3）采样时间：持续时间为2 h，采样流量为0.8 L/min。记录采样时间、地点、温度、湿度和大气压。采样后，样品低温（<4 ℃）保存并运回实验室。如果不能及时分析，应保存于低温（<4 ℃）下，30天内完成测定。

2. 试样制备和洗脱

将乙腈洗脱液加入至采样管（注意：洗胶流向应与采样时气流方向相反），使乙腈自然流出并收集于5 mL容量瓶中，用乙腈定容。用注射器吸取洗脱液，经过针头过滤器过滤，转移至2 mL棕色样品瓶中，待测。过滤后的洗脱液可在4 ℃条件下避光保存30天。

3. 空白试样制备

将采样管带到采样现场，打开其两端，不进行采样。当一个采样周期结束后，与采样用采样管一样，密封后带到实验室，并按照实验步骤“2”制备空白试样。

4. 采样管空白

在实验室内取同批采样管按实验步骤“2”制备采样管空白试样。

5. 试样分析步骤

(1) 色谱分析条件：试样利用高效液相色谱进行分析。

相关的色谱分析条件为：流动相：乙腈/水。梯度洗脱：60%乙腈保持20 min，20～30 min内乙腈从60%线性增至100%，30～32 min内乙腈再减至60%，并保持8 min。检测波长：360 nm。流速：1.0 mL/min。进样量：20 μL。

(2) 绘制标准曲线：分别量取100 μL、200 μL、500 μL、1000 μL和2000 μL的标准使用液于10 mL容量瓶中，用乙腈定容，混匀。配制成浓度分别为0.1 μg/mL、0.2 μg/mL、0.5 μg/mL、1.0 μg/mL和2.0 μg/mL的标准系列。

通过自动进样器或样品定量环量取20.0 μL标准系列，注入液相色谱仪。按照以上色谱条件进行测定，以色谱响应值为纵坐标，浓度为横坐标，绘制校准曲线。校准曲线的相关系数应大于等于0.995，否则须重新绘制校准曲线。图3-3-3是13种醛酮类DNPH衍生物标样参考色谱图。

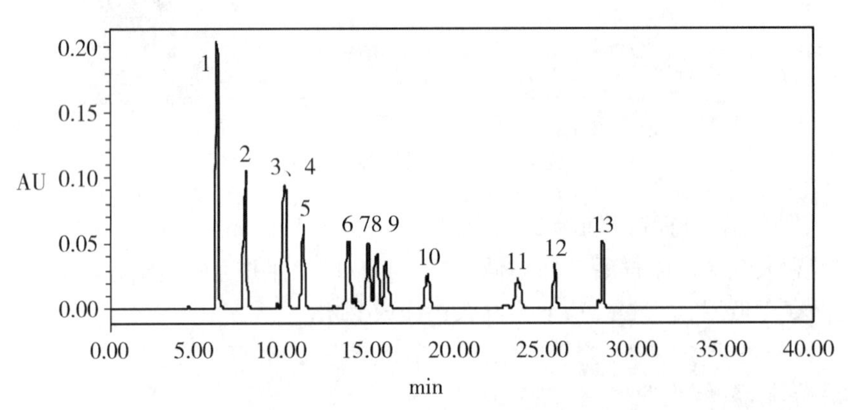

1：甲醛；2：乙醛；3、4：丙烯醛、丙酮；5：丙醛；6：丁烯醛；7：甲基丙烯醛；8：丁酮；9：正丁醛；10：苯甲醛；11：戊醛；12：间甲基苯甲醛；13：己醛。

图3-3-3 13种醛酮类DNPH衍生物标样参考色谱图

(3) 定性和定量分析：根据标准色谱图各组分的保留时间定性，并采用色谱峰面积外标法进行定量。

六、结果计算和表示

环境空气样品中的醛酮类化合物浓度ρ，按照公式（3-3-1）进行计算

$$\rho = \frac{\rho_1 \times V_1}{V_s} \tag{3-3-1}$$

式中，ρ为样品中醛酮化合物的质量浓度，单位为mg/m^3；ρ_1为从校准曲线上查得醛酮化合物的浓度，单位为μg/mL；V_1为洗脱液定容体积，单位为mL；V_s为标准状态下（101.3 kPa，273.2 K）的采样体积，单位为L。

当测定值小于 10.0 μg/m³时，结果保留至小数点后两位有效数字；当测定值大于等于 10.0 μg/m³时，结果保留三位有效数字。

七、质量保证和质量控制

1. 空白采样管

每一批采样管应至少抽取 10% 进行空白值检验。空白值应满足：甲醛小于 0.15 μg/管，乙醛小于 0.10 μg/管，丙酮小于 0.30 g/管，其他物质小于 0.10 μg/管。

2. 全程空白

全程空白的测定结果应低于方法检出限。

3. 平行样品

每批样品应至少测定 10% 的平行双样，样品数量少于 10 时，应至少测定一个平行双样，两次平行测定结果的相对偏差应不大于 25% 。

4. 采样流量

采样期间应不时地观察采样器流量是否稳定。如果采样结束时的流量与开始时的流量相差超过 15% ，此次样品作废，应重新采样。

5. 穿透容量的控制

所采集样品中醛酮含量（以甲醛计）的上限应小于采样管 DNPH 含量的 75% 。醛酮穿透容量可根据公式（3 –3 –2）计算：

$$C_T = C_{DNPH} \times \frac{M_{HCHO}}{M_{DNPH}} \tag{3-3-2}$$

式中，C_T为醛酮穿透容量，以甲醛计，单位为 mg；C_{DNPH}为采样管 DNPH 含量，单位为 mg；M_{HCHO}为甲醛分子量；M_{DNPH}为 DNPH 分子量。

八、结果分析和讨论

在获得监测结果的基础上，对醛酮类化合物的浓度、组成成分以及光化学反应性进行分析：

（1）主要的醛酮类化合物组分是哪些？不同采样站点醛酮类化合物的浓度水平

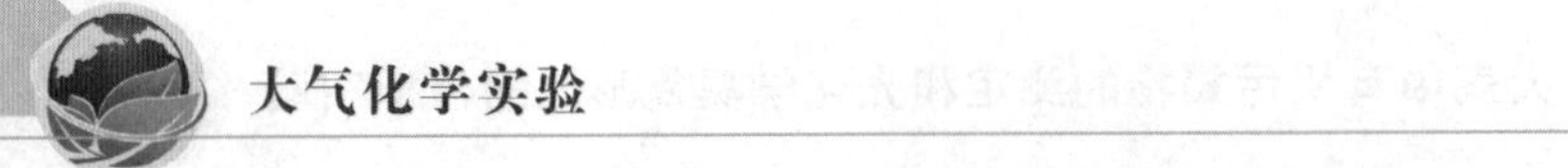

如何？

（2）这些组分的浓度水平与其他城市的对比如何？

（3）对臭氧生成潜势（OFP）贡献显著的醛酮类化合物组分是哪些？

实验四　光化学臭氧形成的模拟实验

一、概述

随着经济的快速发展和城市化的高速推进，以高浓度臭氧（O_3）和细颗粒物（$PM_{2.5}$）为主要特征污染物的光化学烟雾污染在我国中东部地区，特别是京津冀、长江三角洲、珠江三角洲及成渝地区等城市群区域频发，严重影响人民群众健康和生态环境。为有效治理光化学烟雾污染，打赢“蓝天保卫战”，国务院先后于2013年9月和2018年7月发布了《大气污染防治行动计划》（即“大气十条”）、《打赢蓝天保卫战三年行动计划》。在实施了一系列严厉措施后，京津冀、长三角、珠三角等重点城市群区域的$PM_{2.5}$污染得到了有效控制，并呈现逐年下降的趋势。然而，在一次排放污染物得到有效控制的同时，二次有机气溶胶（SOA）对大气$PM_{2.5}$的贡献却日益突出，其在我国东部地区的重霾污染事件中对$PM_{2.5}$的贡献可高达50%。与此同时，作为影响我国夏秋季环境空气质量的重要污染物，大气臭氧（O_3）的浓度水平近年来持续上升，并逐渐取代$PM_{2.5}$成为珠三角与长三角地区大气的首要污染物。因此，维持$PM_{2.5}$浓度的持续下降和遏制O_3浓度的持续上升成为我国各城市群区域环境保护部门空气质量管理工作的首要目标，也是我国“十四五”大气污染防治工作的核心内容。

对流层大气中的臭氧是VOCs与NO_x通过一系列复杂的光化学反应生成的。臭氧的光化学生成可以分为VOC控制、NO_x控制以及共同控制三种情形。因此，分成臭氧生成的敏感性是有效防控臭氧污染的重要前提。

二、实验目的

本实验结合外场观测与数值模拟，对采样站点的光化学臭氧的生成、与其前体物的关系、光化学反应性及其影响机制进行研究。通过本实验，使学生掌握目前主流的光化学臭氧生成、光化学反应性观测以及数值模拟的分析方法，加深学生对光化学烟雾污染形成机制的认识。

三、实验原理

基于外场观测实验，获得前体物浓度（如碳氢化合物、醛酮类化合物以及氮氧化物的观测数据）、气象参数（如温度、湿度、气压等）以及二次污染物（如臭氧）的观测数据。以观测数据为输入，通过耦合Master Chemical Mechanism的光化学箱式模型，模拟采样点光化学臭氧的生成情况（如生成速率与主要通道），分析臭氧生成的敏感性及与其前体物的关系，量化不同前体物对光化学反应性（如自由基浓度及循环）的影响。

四、实验仪器和材料

1. 实验仪器

（1）气相色谱-质谱联用仪：气相部分具有电子流量控制器，柱温箱具有程序升温功能，可配备柱温箱冷却装置。质谱部分具有70 eV电子轰击离子源（EI），有全扫描/选择离子扫描（SIM）、自动/手动调谐、谱库检索等功能。

（2）毛细管色谱柱：60 mm×0.25 mm，1.4 μm膜厚（6%腈丙基苯基-94%二甲基聚硅氧烷固定液），或其他等效毛细管色谱柱。

（3）气体冷阱浓缩仪：具有自动定量取样及自动添加标准气体、内标的功能。至少具有二级冷阱，其中第一级冷阱能冷却到-180 ℃，第二级冷阱能冷却到-50 ℃。若具有冷冻聚焦功能的第三级冷阱（能冷却到-180 ℃），效果更好。气体浓缩仪与气相色谱-质谱联用仪连接管路均使用惰性化材质，并能在50～150 ℃范围内加热。

（4）浓缩仪自动进样器：可实现采样罐样品自动进样。

（5）罐清洗装置：能将采样罐抽至真空（<10 Pa），具有加温、加湿、加压清洗功能。

（6）气体稀释装置：最大稀释倍数可达1000倍。

（7）苏玛罐：内壁惰性化处理的不锈钢采样罐，容积为3.2 L和6 L等规格，其耐压值不小于241 kPa。

（8）液氮罐：不锈钢材质，容积为100～200 L。

（9）流量控制器：与采样罐配套使用，使用前用标准流量计校准。

（10）校准流量计：可在0.5～10.0 mL/min或10～500 mL/min范围内精确测定流量。

（11）真空压力表：精度要求≤7 kPa（1 psi）；压力范围：-101～202 kPa。

（12）过滤器：孔径≤10 μm。

（13）恒流气体采样器：恒流气体采样器的流量在200～1000 mL/min范围内可调，流量稳定。当用采样管调节气体流速并使用一级流量计（如一级皂膜流量计）校准流量时，流量应满足前后两次误差小于5%的要求。

（14）高效液相色谱仪（HPLC）：具有紫外检测器或二极管阵列检测器和梯度洗脱功能。

（15）色谱柱：C_{18}柱，4.60 mm×250 mm，粒径为5.0 μm，或其他等效色谱柱。

（16）氮氧化物（NO_x）在线分析仪：能实现在线分析NO和NO_2浓度，时间分辨率为1 min，检出限≤0.5 ppbv。

（17）在线气象站：能实时监测风向、风速、温度、气压、相对湿度和辐射，时间分辨率为1 min。

(18) 臭氧 (O_3) 在线分析仪：能实现在线分析 O_3，时间分辨率为 1 min，检出限 ≤0.5 ppbv。

2. 实验材料

(1) 乙腈 (CH_3CN)：色谱纯，避光保存。

(2) 空白试剂水：去离子水，经检验，醛酮含量应低于方法检出限。

(3) 标准贮备液 (100 μg/mL)：醛酮类－2，4－二硝基苯腙衍生物标准溶液，浓度以醛酮类化合物计。可于 4 ℃避光保存 2 个月。

(4) 标准使用液 (10 μg/mL)：量取 1.0 mL 标准贮备液于 10 mL 容量瓶中，用乙腈稀释至刻度，混匀。

(5) 一次性 DNPH 采样管：涂渍 DNPH 的填充柱采样管（填充粒径 10 μm 的填料约 1000 mg）为市售商品化产品。采样管应避光低温（<4 ℃）保存，并尽量减少保存时间以免空白值过高。

(6) 一次性臭氧去除柱：涂渍碘化钾 (KI) 的填充柱为市售商品化产品。

(7) 一次性注射器：5 mL 医用无菌注射器。

(8) 针头过滤器：0.45 μm 有机滤膜。

五、实验步骤

1. 样品采集

(1) 采样点布设：在实验开始前在校园内选取适合的采样点，点位尽量选择开阔地域，避免人为偶然污染源的影响，全班可分为 2～3 组，每组负责一个采样点，点位可覆盖校园内代表性区域。

(2) 采样时间：按照以上挥发性有机物与醛酮类化合物的采样方法，于白天 06：00—18：00 采集相关大气样品。采集样品 2 小时。

(3) 样品分析：样品采集后，运回实验室，分别使用以上挥发性有机物以及醛酮类化合物的分析方法进行样品分析。

2. 氮氧化物与臭氧的在线监测与数据处理

在线检测氮氧化物与臭氧的浓度，数据分辨率为 1 min，采集完毕后，将数据转化成为每小时平均数据。在线测量气象参数数据，数据分辨率为 1 min，采集完毕后，将数据转化成为每小时平均数据。

六、数值模拟方法

1. Master Chemical Mechanism 的一般性原则

运用耦合主化学机制的光化学箱式模型（PBM-MCM）模型量化 VOCs 对当地臭氧光化学生成的贡献，并探讨了臭氧及其前体物的敏感性。PBM-MCM 模型利用观测资料，将 VOCs 和常规污染物的浓度以及气象参数作为输入，基于主化学机制（Mater Chemical Mechanism，MCM3. 3. 1）模拟光化学生成臭氧的总量。观测资料用于定义模型的初始值和约束模型。MCM 机制中包括涉及约 6000 种化学物质的约 17000 个化学反应。模型中污染物 C_i 可以由公式（3－4－1）表示：

$$\frac{dC_i}{dt} = P - L \cdot C_i - \frac{V_i C_i}{h} - (C_i - B_i)\frac{ldh}{hdt} \tag{3-4-1}$$

式中，C_i 是污染物的浓度（单位：molecule cm^{-3}）；P 是瞬时生成速率（molecule $cm^{-3}\ s^{-1}$）；L 是化学反应的瞬时消耗速率（molecule $cm^{-3}\ s^{-1}$）；V_i 是稳定污染物在边界层高度 h（单位：m）上的沉降速率（ms^{-1}）。

模型中，边界层高度根据已有文献数据，在珠三角地区设置成在夜间的 300 m 到日间的 1400 m 之间变化。B_i 是夜间在边界层发生化学反应生成的过氧化物、羰基化合物和过氧乙酰硝酸盐的背景浓度（molecule cm^{-3}）。它是前一天晚上的浓度和第二天的初始浓度，并在边界层升高时被带走。

需要注意的是，该模型假定污染物在大气充分混合，不包含污染物的水平输送和垂直输送过程。因此，该理想化模型对本地源排放的短期扰动不敏感，但可以较好地模拟得到充分混合的“箱子”中臭氧的峰值。

2. 臭氧的 *IOA*（index of agreement）指数的计算方法

为了定量评价 PBM-MCM 模型对大气光化学过程中臭氧生成的模拟效果，可引入并计算臭氧的 *IOA* 指数。*IOA* 指数被广泛用于评价模型模拟效果。其计算公式如公式（3－4－2）：

$$IOA = 1 - \frac{\sum_{i=1}^{n}(O_i - S_i)^2}{\sum_{i=1}^{n}(|O_i - \bar{O}| + |S_i - \bar{O}|)^2} \tag{3-4-2}$$

式中，O_i 和 S_i 分别表示臭氧的观测浓度和模拟浓度（单位：μgm^{-3}）；$\bar{O}$ 表示臭氧观测浓度的平均值（单位：μgm^{-3}）；n 是样本数量。

IOA 指数介于 0 和 1 之间，指数越接近 1 表示观测值和模拟值越吻合。

3. 臭氧的光化学生成对前体物浓度变化的评估计算方法

进一步地，利用 PBM-MCM 模型输出结果计算相对增量反应性（RIR），可以评估

臭氧的光化学生成对前体物浓度变化的敏感性，且该过程中不需要对前体物排放有具体准确的了解。*RIR* 被定义为每百分比的前体物浓度变化引起的臭氧生成变化的比例。对于站点 *S* 的特定前体物 *X*，其 *RIR* 值可由公式（3－4－3）计算得到：

$$RIR^{S}(X) = \frac{[P^{S}_{O_3-NO}(X) - P^{S}_{O_3-NO}(X - \Delta X)] / P^{S}_{O_3-NO}(X)}{\Delta S(X)/S(X)} \qquad (3-4-3)$$

式中，$S(X)$ 表示前体物 *X* 的观测浓度，包括当地排放和上风向输送过来的部分；ΔX 是有假设的变化 $\Delta S(X)$ 引起的前体物浓度变化，本实验中 $\Delta S(X)$ 假定为 $S(X)$ 的 10%；$P^{S}_{O_3-NO}$ 表示臭氧生成潜势，包含臭氧净生成和 NO 滴定消耗，可以通过 PBM-MCM 模型输出结果计算得到。若某前体物的 *RIR* 值为较大的正值，说明控制该前体物的排放可以显著减少臭氧生成。此外，前体物 *X* 的平均 *RIR* 值可按照公式（3－4－4）计算：

$$\overline{RIR}(X) = \frac{\sum_{1}^{N}[RIR^{S}(X)\,P^{S}_{O_3-NO}(X)]}{\sum_{1}^{N}P^{S}_{O_3-NO}(X)} \qquad (3-4-4)$$

式中，*N* 值模型模拟的天数。

4. 臭氧等值线图的绘制

本实验中，将所获得的污染物以及气象参数观测数据作为模型输入，通过改变不同的前体物输入，如 VOCs 与 NO_x 分别减少 10% 评估臭氧生成与前体物的敏感性。此外，利用观测数据计算得到平均日变化数据作为 PBM-MCM 模型的基础输入（base case），并削减不同比例的 VOCs 和 NO_x 浓度输入模型，模拟得到随 VOCs 和 NO_x 浓度变化的臭氧光化学生成变化，以绘制臭氧等值线图。

七、结果分析和讨论

基于观测数据以及数值模拟结果，分析以下问题：

（1）臭氧及其前体物的浓度水平与时空分布特征。

（2）臭氧生成的敏感性。

（3）臭氧生成与其前体物的关系。

参考文献

[1] LI K, JACOB D J, LIAO H, SHEN L, et al. Anthropogenic drivers of 2013—2017 trends in summer surface ozone in China [J]. Proceedings of the National Academy of Sciences of the United States of America, 2019, 116: 422－427.

[2] LIU Y M, WANG T. Worsening urban ozone pollution in China from 2013 to 2017-part 1: the complex and varying roles of meteorology [J]. Atmospheric chemistry and physics, 2019, 20: 6305－6321.

[3] ZHAI S X, JACOB D J, WANG X, et al. Fine particulate matter ($PM_{2.5}$) trends in China, 2013—2018: separating contributions from anthropogenic emissions and meteorology

[J]. Atmospheric chemistry and physics , 2019, 19: 11031 - 11041.

[4] 楚碧武，马庆鑫，段凤魁，等. 大气“霾化学”：概念提出和研究展望 [J]. 化学进展，2020，32 (1)：1 - 4.

[5] FENG J L, LI M, ZHANG P, et al. Investigation of the sources and seasonal variations of secondary organic aerosols in $PM_{2.5}$ in Shanghai with organic tracers [J]. Atmospheric environment, 2013, 79: 614 - 622.

[6] GUO S, HU M, ZAMORA M L, et al. Elucidating severe urban haze formation in China [J]. Proceedings of the National Academy of Sciences of the United States of America. 2014, 111: 17373 - 17378.

[7] ZHENG M, ZHANG Y J, YAN C Q, et al. Review of $PM_{2.5}$ source apportionment methods in China [J]. Acta scientiarum naturalium universitatis pekinensis, 2014, 50: 1141 - 1154.

[8] GAO W, TIE X X, XUE J M, et al. Long-term trend of O_3 in a mega City (Shanghai), China: characteristics, causes, and interactions with precursors [J]. Science of the total environment, 2017, 603 - 604, 425 - 433.

[9] LI K, JACOB D J, LIAO H, et al. A two-pollutant strategy for improving ozone and particulate air quality in China [J]. Nature geoscience, 2019, 12: 906 - 910.

[10] SUN L, XUE L K, WANG T, et al. Significant increase of summertime ozone at Mount Tai in Central eastern China [J]. Atmospheric chemistry and physics, 2016, 16: 10637 - 10650.

[11] WU Z Y, ZHANG Y Q, ZHANG L M, et al. Trends of outdoor air pollution and the impact on premature mortality in the Pearl River Delta region of southern China during 2006—2015 [J]. Science of the total environment, 2019 (690): 248 - 260.

[12] CHEN Y, CAO J, ZHAO J, et al. n-Alkanes and polycyclic aromatic hydrocarbons in total suspended particulates from the southeastern Tibetan Plateau: concentrations, seasonal variations, and sources [J]. Science of the total environment, 2014 (470): 9 - 18.

[13] LI J, ZHANG G, LI X D, et al. Source seasonality of polycyclic aromatic hydrocarbons (PAHs) in a subtropical city, Guangzhou, South China [J]. Science of the total environment, 2006 (355): 145 - 155.

[14] LAMMEL G. Polycyclic aromatic compounds in the atmosphere—a review identifying research needs. Polycyclic aromatic compounds, 2015, 35: 316 - 329.

[15] XU Y, ZHANG Y L, LI J, et al. The spatial distribution and potential sources of polycyclic aromatic hydrocarbons (PAHs) over the Asian marginal seas and the Indian and Atlantic Oceans [J]. Journal of geographical research-atmosphere, 2012, 117: D07302.

[16] 徐玥. 亚洲低纬度带 POPs 跨境迁移研究 - 基于腾冲背景站的观测 [D]. 北京：中国科学院大学，2003.

[17] LI J, LIU X, ZHANG G. Seasonal patterns and current sources of DDTs, chlordanes,

hexaclorobenzene, and endosulfan in the atmosphere of 37 Chinese cities [J]. Environmental science and technology, 2009, 43: 1316 - 1321.

[18] GAO B, GUO H, WANG X M, et al. Polycyclic aromatic hydrocarbons in $PM_{2.5}$ in Guangzhou, southern China: spatiotemporal patterns and emission sources [J]. Journal of hazardous materials, 2012: 78 - 87, 239 - 240.

[19] 生态环境部. 环境空气 65 种挥发性有机物的测定　罐采样/气相色谱 - 质谱法: HJ 759—2023 [S]. 2023 - 02 - 09.

[20] 生态环境部. 环境空气和废气 气相和颗粒物中多环芳烃的测定 气相色谱 - 质谱法: HJ 646—2013 [S]. 2013 - 06 - 03.

[21] 生态环境部. 环境空气和废气 气相和颗粒物中多环芳烃的测定 高效液相色谱法: HJ 647—2013 [S]. 2013 - 06 - 03.

[22] 生态环境部. 环境空气醛、酮类化合物的测定 溶液吸收 - 高效液相色谱法: HJ 1154—2020 [S]. 2020 - 12 - 14.

[23] 生态环境部. 环境空气醛、酮类化合物的测定 高效液相色谱法: HJ 683—2014 [S]. 2014 - 01 - 13.

第四章

大气降水化学实验

实验一　酸雨 pH 和电导率的测定方法

一、概述

酸雨是全球最早受到关注的环境问题之一。早在 20 世纪 70 年代即成为全世界学者研究的热点，并对其成因、发生机理以及对生态系统的影响进行了持久的探讨。通常把 pH 小于 5.6 的大气降水称为酸雨，主要来源于人类活动排放产生的酸性物质。我国降水中的主要致酸物质是 SO_4^{2-} 和 NO_3^-，其中 SO_4^{2-} 浓度是 NO_3^- 离子浓度的 5～10 倍；对我国降水酸度影响最大的阳离子是 NH_4^+ 和 Ca^{2+}。研究结果表明，酸雨对陆地生态系统、建筑物和古迹都有巨大的破坏作用，直接影响人体健康。例如，酸雨主要通过改变土壤理化性质和微生物环境破坏土壤。在酸雨淋溶作用下，土壤 pH，盐基离子，铁、锰、铝等矿物元素以及微量元素、氮、磷等营养元素都会发生改变。

二、实验目的

通过本实验要求学生掌握大气酸沉降采样方法，学会酸度计和电导率仪的使用方法。了解降水量、降水强度等气象因子对降水 pH 和电导率的影响。

三、实验原理

1. 大气降水 pH 的定义

大气降水中氢离子活度的负对数，计算公式如下：

$$pH = -\lg[H^+]$$

式中，$[H^+]$ 为氢离子活度，单位为摩尔/升（$mol \cdot L^{-1}$）。

2. 大气降水电导率的定义

大气降水电导率是大气降水导电能力的度量，其电导测量池中通过大气降水样品的电流密度与施加其上的电场强度之比。

四、实验仪器和试剂

1. 实验仪器

（1）pH 计：测量范围为 1～14，具有温度自动补偿功能（0～40 ℃），测量误差≤0.1，重复性误差≤ ±0.05，响应时间≤60 s，漂移（5 min）≤0.05。

（2）电导率仪：测量范围为 0～20000 μs/cm，具有温度自动补偿功能（0～40 ℃），电导池常数为 0.1 和 1.0 的电导电极。测量误差≤1% FS，重复性误差≤0.5%，响应时间≤60 s。

（3）降水样品采集器：聚乙烯塑料瓶 250 mL 或 500 mL。

（4）常用玻璃器皿：烧杯（100 mL、250 mL 和 500 mL）、容量瓶（250 mL）、表面皿等玻璃仪器。

2. 实验试剂

（1）纯水：电导率小于 μscm^{-1}。

（2）氯化钾：分析纯。

（3）盐酸：35%～36%，化学纯。

（4）邻苯二甲酸氢钾：化学纯。

（5）混合磷酸盐：化学纯。

（6）四硼酸钠：化学纯。

五、实验方法和步骤

1. 降水样品的采集时段

按照酸雨观测规范要求以每天 08：00 为酸雨观测的降水采样开始时间，至次日 08：00 为一个降水采样日。

2. 采样要求

（1）在一个降水采样日内，如只有一次连续降水过程，采样一次，采集一份降水样品。

（2）在一个降水采样日内，当降水过程有间歇时，当降水量达到 1.0 mm 时，采集一份样品；多次间歇每达到 1.0 mm 时，即采集一份样品。

（3）在一个降水采样日内，如有数次降水过程，应使用同一个采样容器进行多次

采样，合并为一份降水样品。

3. 采样步骤

（1）采样器的安装：若采用人工采样每次降水开始时打开采样容器，注意没有开始降水之前不得带开盖子等待降水，避免引入其他非降水成分。如使用自动采样器，则在每日日界开始时间打开采样器盖子。注意：采样容器盖子打开后存放时，应避免受到污染。

（2）样品收取：降水结束或者降水间歇，及时收取采样器；采用日界采样，日界结束时及时收取样品。采集的样品装入清洗过的聚乙烯瓶中，密封瓶盖后，贴好标签，记录采样地点、采样时间、降水时段和降水量，样品置于 10 ℃以下低温箱保存运回实验室，同时记入酸雨采样分析记录表。

4. 样品测定

（1）将样品分为 2 份，分别用于测定 pH 和电导率。样品采集后应放置约 2 h 与室温达到平衡，避免在测量过程中降水温度变化对测量稳定性的影响，测量过程应在 4 h 之内完成。如果样品量过少，则先测电导率后测 pH；如果少于测定需要的样品量而无法测定，可弃去样品，同时做好记录。

（2）标准缓冲溶液的配制。标准缓冲溶液分为酸性、中性和碱性三类，配制方法见表 4－1－1。

表 4－1－1　标准缓冲溶液的配制方法（25 ℃）

种类	pH	化学名称	分子式	浓度（mmol · L^{-1}）	250 mL 溶液的配置剂量（g）
酸性标准缓冲溶液	4.008	邻苯二甲酸氢钾	$KHC_8H_4O_4$	0.050	2.530
中性标准缓冲溶液	6.865	混合磷酸盐	Na_2HPO4 KH_2PO4	0.025 0.025	0.883 0.847
碱性标准缓冲溶液	9.180	四硼酸钠	$Na_2B_4O_7 \cdot 10H_2O$	0.010	0.950

按照表 4－1－1，将称量好的试剂倒入烧杯中，加入 50～60 mL 纯水，用玻璃棒搅拌至试剂溶解，转移至 250 mL 容量瓶中，用清水重复清洗烧杯，定容至刻度，再转移至试剂瓶中，贴好标签，备用。

六、pH 和电导率的测量和计算

测量样品与标准缓冲溶液温度，两者温度差应在 2 ℃之内。选用精度为 0.01 单位的 pH 计，每次测量前，使用中性和酸性（或碱性）标准缓冲溶液进行两点校准，用纯水冲洗电极，再用样品冲洗电极。取 30 mL 降水样品置于 50 mL 烧杯中，将电极测量端插入样品液面下，但不要碰到烧杯底部，轻轻晃动烧杯后静置片刻，读取 pH 读数，如此重复测量 3 次并记录，小数点后保留 2 位有效数字。

电导率的测量方法同上。如仪器无温度补偿校准，则需将测量结果修订至 25 ℃的电导率值，计算公式如下：

$$K_s = \frac{K_t}{1 + 0.022(t - 25)} \tag{4-1-1}$$

式中，K_s为 25 ℃的电导率，单位为 μs/cm；K_t为温度 t 下测得的电导率，单位为 μs/cm；t 为样品测量温度，单位为℃。

七、采样记录

采样过程中记录采样起止时间、降水量、风向、风速等相关数据，采样结果一同记入表 4－1－2。

表 4－1－2　酸雨采样分析记录

采样日期	采样起止时间		降水时段		pH	电导率（μs/cm）	温度（℃）	降水量（mm）	风向	风速（m/s）	周边环境记录

八、结果分析和讨论

（1）分析日界酸雨 pH 和电导率结果，并与相关文献进行对比分析。

（2）分析一次酸雨过程不同时段 pH 和电导率的变化特点。

（3）影响降水 pH 和电导率的主要因素有哪些？

实验二　大气降水中重金属含量的测定

一、概述

大气降水中含有大量的化学物质和污染物，其中重金属是大气降水中一类主要无机污染物。通过燃料燃烧、扬尘、工业生产和汽车尾气等人为源和自然源排放到大气中的重金属污染物，吸附于气溶胶表面，通过干湿沉降进入生态系统。大气降水是重金属降落到地表包括土壤、地表水等环境介质的主要途径，进而通过植被、微生物等富集累积，迁移进入生态系统，对人体健康造成威胁。

近年来，大气降水中铜、铅、锌、镉、镍、铬等重金属元素受到普遍关注。研究表明，我国大气降水中重金属含量表现出逐渐增加的趋势，且时空变化较为显著，由于受气候条件影响，基本上呈现冬春季高于夏秋季、在长江以北的北方地区采暖期高于非采暖期的特点。另外，人类活动对降水中重金属含量影响显著，东南沿海和西南盆地成为大气降水中重金属浓度最高的地区。

二、实验目的

通过本实验学习，要求学生掌握大气降水中重金属元素的原子吸收石墨炉法或者电感耦合等离子体质谱仪测定方法，学会大气降水样品重金测定前处理方法，并掌握大气降水样品重金属测定的样品采集方法和储运方法。

三、实验原理

根据研究目的，选取对应的大气降水采集方法，调节样品 pH 至小于 2，低温保存运回实验室。样品经消解后采用石墨炉原子吸收法（GF-AAS）或者电感耦合等离子体质谱法（ICP-MS）测定样品中痕量重金属含量。根据采样体积计算样品中重金属浓度。

1. 石墨炉原子吸收法

样品经酸消解后，放置于原子吸收分光光度计石墨炉进样杯中，通常采用自动进样器将样品注入石墨材料的管状或者杯状原子化器，采用电流加热原子化后吸收特征波长的能量，在一定浓度范围，其吸收值与待测元素含量成正比，通过与标准系列进行比较来定量。一般的仪器采用四段程序升温即干燥－灰化－原子化－净化。在干燥阶段，以低温挥发试样溶剂；灰化阶段，温度略高，时间加长，使试样基体完全蒸发；原子化阶段则以大电流升高温度至元素原子化温度，这一阶段升温快速，几秒内完成原子化过程；随后，进入净化阶段，一般采用高于原子化温度以清除残留物，减少石墨管记忆效应。

2. 电感耦合等离子体质谱法

样品经消解后，通过进样系统由载体带入雾化系统雾化，以气溶胶形式导入高频等离子体中，在高温下电离成离子，产生的离子经过离子光学透镜聚焦后进入四极杆质谱分析器，质谱仪根据离子的荷质比即元素的质量数进行分离，按照特定荷质比的离子数目进行定量分析。在一定浓度范围内，元素质量数所对应的信号响应值与其浓度成正比。电感耦合等离子体质谱仪主要由离子源、质量分析器和检测器三部分组成，还配有数据处理系统、真空系统、供电控制系统等。

四、实验仪器和试剂

1. 实验仪器

（1）原子吸收分光光度计（AAS）：配有石墨炉原子化系统，石墨管或石墨杯。

（2）电感耦合等离子体质谱仪（ICP-MS）：配有自动石英雾化进样器。检出限和检测下限见表 4-2-1。

表 4-2-1　ICP-MS 检出限和检测下限

元素	检出限（μg/L）	检测下限（μg/L）
铜	0.08	0.32
铅	0.09	0.36
锌	0.67	2.68
镉	0.05	0.20
镍	0.06	0.24
铬	0.11	0.44

（3）微波消解仪：41 位以上微波消解仪，配有聚四氟乙烯（特氟龙）材质的消解罐 2 套。

注意事项：所用器皿，在使用前需用稀硝酸溶液（1+1）浸泡过夜，用去离子水洗净方可使用。

（4）高脚烧杯：100/200 mL。

（5）容量瓶：100/250 mL。

（6）移液管或者移液枪：1 mL、2 mL、5 mL、10 mL、25 mL、50 mL。

（7）通风橱：耐氢氟酸材质。

2．实验试剂

均使用符合国家标准的优级纯化学试剂，实验用水为新制备的二次去离子水或者亚沸蒸馏水，电阻率≥18 MΩ·cm（25 ℃）。

（1）硝酸：浓度68%。

（2）盐酸：浓度36%～38%。

（3）过氧化氢：30%。

（4）硝酸溶液：1＋1。

（5）盐酸溶液：1＋1。

3．标准溶液的配制

购买市售标准物质或者使用光谱纯金属（纯度大于99.99%）配制1.00 mg/mL的标准储备溶液，以0.5%稀硝酸溶液作为储备介质。配好后的储备液应转移至聚乙烯或者聚丙烯瓶中贮存。

注意：配置标准使用溶液时，需逐级稀释，稀释倍数一般为10倍，超过10倍会增加系统误差的概率。

测试时根据需要配制内标溶液和调谐液。

4．氩气

纯度不低于99.99%。

五、实验方法和步骤

1．样品采集

根据不同研究和实验需要进行样品采集，采样现场加入适量1＋1稀硝酸溶液（1＋1），调节至pH＜2以固定样品中重金属避免吸附于采样器壁上和发生转化。如需要分析可溶态，则需要现场过滤。

2．样品消解

（1）微波消解法：准确量取降水样品50.0 mL，倒入消解罐中，分别加入4 mL浓硝酸和1 mL浓盐酸，盖好盖子，于170 ℃微波消解10 min。消解完毕，冷却至室温，小心打开盖子，以少量超纯水冲洗消解罐3次，将消解液转移至聚四氟乙烯烧杯在电热板或电热消解炉上，低温加热以除去多余的酸液。当蒸发至棕黄烟雾消失时，将烧杯从电热板或电热消解炉移开，冷却至室温，以0.5%稀硝酸溶液定容至100 mL容量瓶中，转移至聚乙烯或者聚丙烯塑料瓶中贮存待测。

注意：消解罐盖子上的凝结液应小心用玻棒收集至容量瓶中。

（2）电热板消解法：准确量取100.0 mL样品置于聚四氟乙烯烧杯中，分别加入5 mL浓硝酸和1 mL浓盐酸，轻轻摇匀，置于电热板上加热消解，加热温度不得高于100 ℃，盖好表面皿或小漏斗，保持回流，蒸发至5 mL时，停止加热。观察溶液状态，如有颗粒物则重复以上步骤，直至不再产生棕黄色烟、溶液澄清透明为止。移去表面皿或小漏斗，以0.5%的稀硝酸溶液冲洗附着的凝结液至烧杯中，定容至100 mL容量瓶中。如果第一次消解后溶液中有机颗粒物较多，也可以加入少量H_2O_2溶液以加强有机物的消解。经过2～3次消解后，如还存在有机碳颗粒物，则可用0.45 μm醋酸纤维滤膜过滤去除，以免堵塞ICP-MS进样毛细管或石墨炉进样器。

上述消解需同步进行空白实验，以实验用水代替样品按照上述步骤同步进行消解，注意消解过程避免受到样品溶液的交叉污染。

3. 电感耦合等离子体质谱法测定步骤

（1）标准曲线的配制：一般可配制多元素混合标准曲线。首先根据元素在样品中浓度范围调整并确定标准曲线浓度范围。每次准确移取5.00 mL标准储备液于50 mL容量瓶中，用0.2%硝酸溶液定容，如此经过多次稀释得到标准使用液，再制作标准曲线。痕量分析标准曲线的点不少于8个，内标元素溶液可同时加入标准曲线各点，也可在通过仪器蠕动泵进样方式自动加入。各元素系列浓度见表4－2－2。

表4－2－2　电感耦合等离子体质谱法标准曲线的绘制

元素	标准曲线各点浓度（μg/L）									
铜	0	0.05	0.10	0.25	0.50	1.00	2.50	5.00	10.00	25.00	50.00
铅	0	0.05	0.10	0.25	0.50	1.00	2.50	5.00	10.00	25.00	50.00
锌	0	0.05	0.10	0.25	0.50	1.00	2.50	5.00	10.00	25.00	50.00
镉	0	0.01	0.02	0.05	0.10	0.20	0.50	1.00	2.00	5.00	10.00
镍	0	0.01	0.02	0.05	0.10	0.20	0.50	1.00	2.00	5.00	10.00
铬	0	0.01	0.02	0.05	0.10	0.20	0.50	1.00	2.00	5.00	10.00

当样品中存在元素间干扰或者基体较为复杂时，可配制单元素标准曲线。

（2）仪器调试：依据不同型号仪器的工作条件要求，设置测试模式等条件。点燃等离子体后，首先以质谱仪调谐液对仪器灵敏度、氧化物和双电荷进行调谐，调谐通过后方可开始测样。

（3）样品分析：样品分析前，以0.5%稀硝酸溶液冲洗系统30 min至分析信号降至最低，待信号稳定后开始测定。依次测定标准曲线各点，空白样品和降水样品。每测试

10个样品，须以标准曲线中间浓度溶液做跟标测定，检验仪器稳定性。测试时，同时导入雾化器内标元素标准溶液，如样品浓度超出标准曲线范围，即使用0.2%稀硝酸稀释后重新测定，记录稀释倍数。如果试样溶液基体复杂，存在多原子或者多离子干扰，可使用仪器所推荐校准方程进行校正，或者采用碰撞/反应池模式进行校正。

4. 原子吸收石墨炉法测定步骤

（1）标准曲线的配制：每次准确移取5.00 mL标准储备液于50 mL容量瓶中，用0.2%硝酸溶液定容，如此经过多次稀释得到标准使用液，再制作系列标准曲线，标准曲线的点不少于6个。各元素标准曲线配制浓度见表4－2－3。

表4－2－3 原子吸收石墨炉法标准曲线绘制

元素	标准曲线各点浓度（μg/L）					
铜	0	0.50	1.00	2.00	5.00	10.00
铅	0	0.50	1.00	2.00	5.00	10.00
锌	0	0.50	1.00	2.00	5.00	10.00
镉	0	0.10	0.20	0.50	1.00	2.00
镍	0	0.50	1.00	2.00	5.00	10.00
铬	0	0.50	1.00	2.00	5.00	10.00

（2）仪器调试：依据不同型号仪器的工作条件要求，设置测试条件。安装石墨管，调整自动进样器进样针位置，确保进入石墨管后进样针距离石墨管底部1/4的位置。

（3）样品分析：样品分析前，以原子化温度干烧石墨管2～3次，使信号基本为0，表明石墨管清洁即可以开始测量。依次测定标准曲线各点，空白样品和降水样品，每测试10个样品，须以标准曲线中间浓度溶液做跟标测定，检验仪器稳定性。如样品浓度超出标准曲线范围，即使用0.2%稀硝酸稀释后重新测定，记录稀释倍数。如果试样溶液基体复杂，存在多原子或者多离子干扰，需加入基体改进剂消除干扰。

六、质量保证和质量控制

（1）标准曲线的相关性应达到0.9995以上，否则应重新绘制标准曲线或者调整仪器工作条件和模式。

（2）内标响应值应在标准曲线响应值的70%～130%范围内，否则说明存在干扰或者出现漂移，因查找原因后重新测定。

（3）发现基体干扰应稀释样品后再测定，或者调整仪器测定模式。

（4）空白实验测定结果应低于检出限，或低于标准限值10%，或低于测量样品最低值的10%。

（5）每批样品应进行10%～20%的平行测定，平行测定结果应小于20%。

（6）每批样品应进行 10%～20% 的加标回收测定。

（7）连续校准：每分析 10 个样品，应测定一次标准曲线中间点，其测定结果与实际浓度之间的相对偏差应小于 10%。每次测试完成，应测试样品标准曲线最低点其测定结果与实际浓度之间的相对偏差应小于 30%。

七、注意事项

（1）当空白实验测定结果高于方法检出限时，需更换试剂或者超纯水，排除干扰，必要时对试剂进行提纯。

（2）实验用器皿需使用洗涤剂清洗干净后，放入 20% 硝酸溶液中浸泡过夜，使用前依次用自来水、纯水、超纯水冲洗，自然晾干。严禁使用铬酸洗液洗涤玻璃器皿，避免引入铬污染。

（3）采用微波消解仪消解时，如遇消解罐内压力过大而造成泄压，视为样品泄漏，则该批次样品应弃去不用。

（4）使用原子吸收石墨炉法测试需关注石墨管稳定性，一般使用 50～100 次即需要更换。

八、结果计算

测试时，仪器测试软件会自动记录测试数据，生成标准曲线，同时计算出样品浓度。根据样品浓度和稀释倍数，再结合取样体积计算出降水样品中重金属含量，如公式（4-2-1）所示，一般保留三位有效数字。

$$M = \frac{CnV}{1000} \tag{4-2-1}$$

式中，M 为降水样品中重金属元素含量，单位为 μg；C 为测试样品重金属浓度，单位为 μg/L；n 为稀释倍数；V 为取样体积，单位为 mL。

九、结果分析和讨论

（1）采用电感耦合等离子质谱仪和原子吸收分光光度计石墨炉法测定原理和方法有什么不同？两者的优缺点各是什么？

（2）如何配制优质的标准曲线？

（3）如何做好痕量分析全过程质量控制？

实验三　大气降水中汞的测定

一、概述

汞（Hg）是环境中毒性最强的金属元素之一，常温下即可蒸发，能随大气扩散进行长距离输送，通过水体、土壤、植物等对生态系统造成严重污染，最终进入食物链危害人体健康。大气汞主要有两个来源，自然源和人为源。其中，自然源包括火山与地热活动、土壤和水体表面的挥发作用、植物的蒸腾作用、森林火灾等，人为源主要包括化石燃料燃烧、废物焚烧、冶金及其他汞工业生产的释放等。汞（Hg）在环境中主要以3种形态存在，分别是单质汞（Hg0）、二价无机汞（Hg^{2+}）和有机汞（MeHg），它们在大气中具有不同的传输特性。单质汞难以发生干湿沉降，在大气中停留的时间较长；二价气态汞可扩散至几十到几百千米，水溶性较强，容易随降水回到地面；而有机汞易于进入生态系统和食物链，威胁人类健康。大气降水既是大气汞进入陆地生态系统的重要途径，也是其生物地球化学循环的关键环节。因此，系统研究降水中的汞，对确定大气汞的污染来源、深入了解汞沉降后的表层环境效应和全球汞生物化学循环至关重要。

二、实验目的

通过本实验的学习，要求学生掌握大气降水汞的原子荧光测定方法，学会大气降水汞测定的样品前处理方法，并掌握大气降水汞测定的样品采集方法和储运方法。

三、实验原理

1. 原子荧光法

降水样品经过预处理后，在酸性环境的硼氢化钾（或者硼氢化钠）溶液还原作用下，将样品中含汞化合物还原为汞原子蒸汽，同时产生氢化物和氢气，被载气带入石英管原子化器中，在氩氢火焰中形成基态原子，受汞元素发射光激发，产生原子荧光，其荧光强度与样品中待测元素含量在一定范围内成正比，以此来定量。该方法灵敏度高，检出限低于0.05 μg/L。但是，结果容易产生漂移，测试过程中需要及时校准。

2. 冷原子荧光法

降水样品中的汞离子被还原剂还原为基态汞原子蒸汽，基态汞原子受到波长253.7 nm的紫外光激发，当激发态汞原子去激发时便辐射出相同波长的荧光，此荧光称为共振荧光。在一定的测量条件下和较低的浓度范围内，该共振荧光的强度与汞浓度成正比，从而实现Hg的定量检测。该方法与原子荧光法的区别在于不用点火，虽灵敏度不及原子荧光法，但简单方便。

本实验根据实验室条件选取上述方法之一，下面主要介绍原子荧光法。

四、实验仪器和设备、材料

所需仪器设备：

（1）原子荧光光谱仪。

（2）汞元素灯。

（3）消解仪器：微波消解仪或者可控温电热板。

（4）恒温水浴装置：温控精度 ±1 ℃。

（5）抽滤装置：0.45 μm 孔径水系微孔滤膜。

（6）分析天平：精度为万分之一。

（7）采样容器：硬质玻璃瓶或者聚乙烯瓶。

（8）玻璃器皿：国家标准A级。玻璃器皿洗涤均为自来水－普通纯水－超纯水三步洗涤法。

试剂：除非特别说明，所用试剂尽可能采用优级纯，实验用水均为新制备的超纯水。

（1）盐酸（HCl）。

（2）硝酸（HNO_3）。

（3）氢氧化钠（NaOH）。

（4）硼氢化钾（KBH_4）。

（5）硫脲（CH_4NS）。

（6）抗坏血酸（$C_6H_8O_6$）。

（7）重铬酸钾（K_2CrO_7）。

（8）氯化汞（$HgCl_2$）。

（9）硝酸溶液（1＋1）。

（10）盐酸－硝酸溶液：分别量取300 mL盐酸（优级纯）和100 mL硝酸（优级纯），加入400 mL超纯水中，混匀。

（11）还原剂：称取0.5 g氢氧化钠溶于100 mL超纯水中，加入1.0 g硼氢化钾，混匀。临用现配。

（12）硫脲－抗坏血酸溶液：称取硫脲和抗坏血酸各5.0 g，溶于100 mL超纯水中，

混匀。临用现配。

（13）重铬酸钾固定液：称取0.5 g重铬酸钾溶于950 mL超纯水中，加入50 mL优级纯浓硝酸，配成固定液。

（14）高锰酸钾消解液：称取50 g高锰酸钾溶于高纯水，用高纯水稀释至1000 mL，储存于棕色试剂瓶避光保存备用。

（15）盐酸羟胺溶液：称取10 g盐酸羟胺（$NH_2OH \cdot HCl$）溶于超纯水中，稀释至100 mL。以10 mL 20 mg/L双硫腙（$C_{13}H_{12}N_4S$）的苯溶液萃取3～5次。

（16）汞标准贮备溶液：称取氯化汞（$HgCl_2$）0.1354 g（预先在干燥器中放置24 h），用重铬酸钾固定溶液溶解，稀释定容至1000 mL容量瓶。此溶液每毫升含100 μg汞，贮存于玻璃瓶中，低温保存。

（17）汞中间溶液：吸取适当体积汞标准贮备溶液，用重铬酸钾固定液稀释至每毫升含10 μg汞。贮存于玻璃瓶中，低温保存。

（18）汞标准使用溶液：吸取汞的中间溶液，用重铬酸钾固定液逐级稀释至每毫升含100 ng。临用现配。

（19）高纯氩气：纯度99.999%。

五、实验方法和步骤

1. 实验试样的制备

量取5.0 mL混匀后的样品于10 mL比色管中，加入1 mL盐酸－硝酸溶液（1∶3，*v/v*），盖塞混匀，置于沸水浴中加热消解1 h，其间摇动1～2次并开盖放气。冷却，用水定容至标线，混匀待测。

空白试样以水代替样品，按照上述步骤制备空白试样。

2. 绘制标准曲线

标准系列的配置：分别移取0 mL、1.00 mL、2.00 mL、5.00 mL、7.00 mL、10.00 mL汞标准使用液（10 μg/mL）于100 mL容量瓶中，分别加入10.0 mL重铬酸钾固定液，用水稀释至标线，混匀。

参考测量条件或采用自行确定的最佳测量条件（表4－3－1），以5%盐酸溶液为载流，硼氢化钾溶液为还原剂，浓度由低到高依次测定汞标准系列的原子荧光强度。以原子荧光强度为纵坐标，汞质量浓度为横坐标，绘制标准曲线。

表4－3－1　仪器调试参考测试条件

元素	负高压（V）	灯电流（mA）	原子化器预热温度（℃）	载气流量（mL/min）	屏蔽器流量（mL/min）	积分方式
汞	240～280	15～30	200	400	900～1000	峰面积

3. 样品测定

按照与绘制标准曲线相同的条件测定试样的原子荧光强度。超过标准曲线高浓度点的样品，对其消解液稀释后再行测定，稀释倍数为f。

同时，测定空白样品。

六、样品采集

（1）溶解态样品和总量样品需分别采集。

（2）可溶态汞样品采集后尽快用0.45 μm滤膜过滤，弃去初始滤液50 mL，用少量滤液清洗采样瓶，收集滤液于采样瓶中。如水样为中性，按每升水样中加入5 mL浓盐酸的比例加入盐酸。此样品保存期为14 d。

（3）测总汞样品时，除样品采集后不经过滤外，其他的处理方法和保存期同可过滤态样品。

七、质量保证和质量控制

1. 空白样品要求

每测定20个样品需要增加测定实验室空白1个，当批不满20个样品时要测定实验室空白不少于2个。全程空白的测试结果应小于方法检出限。

2. 相关系数要求

每次样品分析应绘制校准曲线，校准曲线的相关系数应大于或等于0.995。

3. 相对偏差的控制方法

每测完20个样品进行1次校准曲线零点和中间点浓度的核查，测试结果的相对偏差应不大于20%。

4. 平行样测定方法

每批样品至少测定10%的平行双样，样品数小于10时，至少测定1个平行双样。测试结果的相对偏差应不大于20%。

5. 加标回收要求

每批样品至少测定 10% 的加标样，样品数小于 10 时，至少测定 1 个加标样。加标回收率控制在 70%～130% 之间。

八、结果计算

样品中待测元素的质量浓度 ρ 按照公式（4－3－1）计算：

$$\rho = \frac{\rho_1 f V_1}{V} \tag{4-3-1}$$

式中，ρ 为样品中待测元素的质量浓度，单位为 μg/L；ρ_1 为由校准曲线上查得的试样中待测元素的质量浓度，单位为 μg/L；f 为试样稀释倍数（样品若有稀释）；V_1 为分取后测定试样的定容体积，单位为 mL；V 为分取试样的体积，单位为 mL。

当汞的测定结果小于 1 μg/ L 时，保留小数点后两位有效数字；当测定结果大于 1 μg/L 时，保留三位有效数字。

九、注意事项

（1）废物处理：实验中产生的废液和废物不可随意倾倒，应置于密闭容器中保存，委托有资质的单位进行处理。

（2）硼氰化钾是强还原剂，极易与空气中的氧气和二氧化碳反应，在中性和酸性溶液中易分解产生氢气，所以配制硼氢化钾还原剂时，要将硼氢化钾固体溶解在氢氧化钠溶液中，并临用现配。

（3）实验室所用的玻璃器皿均需用硝酸溶液（1＋1）浸泡 24 h，或用热硝酸荡洗。清洗时依次用自来水、去离子水和超纯水洗净。

十、结果分析和讨论

（1）大气中汞与重金属测定的前处理方法有何异同？为什么？

（2）根据实验结果，试分析大气中汞的来源并与相关文献结果做比较。

（3）讨论计算结果的有效数字保留位数。

实验四　大气降水中砷的测定

一、概述

砷广泛存在于自然界中，是已知毒性最强的物质之一。砷主要以三价砷和五价砷的形式存在，其中三价砷即为砒霜，是剧毒物质。自20世纪50年代以来，全球发生过多起由于砷污染导致的恶性群体中毒事件，引起了学者的广泛关注。砷矿开采和冶炼是大气砷污染的一大来源。我国是目前砷储量最大的国家，砷矿开采和冶炼过程中，含砷化合物排入大气、水体、土壤中，从而进入生态系统，直接威胁人类健康。大气砷污染的另外一大来源为燃煤排放，对周边环境造成严重危害，成为目前造成砷污染的主要行业。自然界、矿山开采和燃煤等排放到大气中的砷污染物，随着降水降落到地表，因此研究大气降水中砷污染具有重要意义，而定量测定成为研究砷污染化学过程的重要基础。

二、实验目的

通过本实验学习，要求学生掌握原子荧光法测定大气降水砷的方法，学会掌握大气降水砷测定的样品前处理方法，并掌握大气降水砷测定的样品采集方法和储运方法。

三、实验原理

1. 原子荧光法

降水样品经过预处理后，在酸性环境的硼氢化钾（或者硼氢化钠）溶液还原作用下，生成砷化氢气体，被载气带入石英管原子化器中，在氩氢火焰中形成基态原子，在元素灯发射光的激发下产生原子荧光，其荧光强度与样品中待测元素含量在一定范围内成正比，以此来定量。该方法灵敏度高，检出限低于0.05 μg/L。但是，结果容易产生漂移，需要及时校准。

2. 电感耦合等离子体质谱法

参见本章实验二。

四、实验仪器和试剂

本实验主要介绍原子荧光法，电感耦合等离子体质谱法参见本章实验二。

1. 实验仪器

（1）原子荧光光谱仪。
（2）砷元素灯。
（3）消解仪器：微波消解仪或者可控温电热板。
（4）恒温水浴装置：温控精度 ±1 ℃。
（5）抽滤装置：0.45 μm 孔径水系微孔滤膜。
（6）分析天平：精度为万分之一。
（7）采样容器：硬质玻璃瓶或者聚乙烯瓶。
（8）玻璃器皿：国家标准 A 级。玻璃器皿洗涤均为自来水－普通纯水－超纯水三步洗涤法。

2. 实验试剂

除非特别说明，所用试剂尽可能采用优级纯，实验用水均为新制备的超纯水。
（1）盐酸（HCl）。
（2）硝酸（HNO_3）。
（3）高氯酸（$HClO_4$）。
（4）氢氧化钠（NaOH）。
（5）硼氢化钾 KBH_4。
（6）硫脲（CH_4NS）。
（7）抗坏血酸（$C_6H_8O_6$）。
（8）重铬酸钾（K_2CrO_7）。
（9）三氧化二砷（As_2O_3）。
（10）盐酸溶液：1＋1（体积比）。
（11）硝酸溶液：1＋1（体积比）。
（12）盐酸－高氯酸溶液：1＋1（体积比），临用现配。
（13）还原剂：称取 0.5 g 氢氧化钠溶于 100 mL 超纯水中，加入 2.0 g 硼氢化钾，混匀。临用现配。
（14）硫脲－抗坏血酸溶液：称取硫脲和抗坏血酸各 5.0 g，溶于 100 mL 超纯水中，混匀。临用现配。
（15）标准贮备溶液：称取三氧化二砷（As_2O_3）0.1320 g（优级纯，预先在干燥器中放置 24 h），溶解于 5 mL 1 mol/L 氢氧化钠溶液中，用 1 mol/L 盐酸溶液中和至中性，以超纯水稀释定容至1000 mL容量瓶。此溶液每升含100 mg砷，贮存于玻璃瓶中，低温保存。

（16）砷中间溶液：吸取适当体积的砷标准贮备溶液，用1+1体积比盐酸溶液稀释至每升含1 mg砷，贮存于玻璃瓶中，低温保存。

（17）砷标准使用溶液：吸取砷标准中间溶液10 mL于100mL容量瓶中，用1+1体积比盐酸溶液稀释至每升含100 μg砷，贮存于玻璃瓶中，低温保存。此为标准使用液，可保存30 d。

（18）高纯氩气：纯度99.999%。

五、实验方法和步骤

1. 实验试样的制备

量取50.0 mL混匀后的样品于150 mL锥形瓶中，加入5 mL硝酸－高氯酸混合酸溶液，小心混匀，置于电热板上加热至冒白烟，冷却后再加入5 mL 1+1体积比盐酸溶液，加热至黄烟冒尽，从电热板上取下，冷却后移入50 mL容量瓶中，加水稀释定容，混匀，待测。

也可以参照重金属元素测定方法中的微波消解法进行消解。

空白试样以水代替样品，按照上述步骤制备空白试样。

2. 标准曲线的配置

分别移取0 mL、0.50 mL、1.00 mL、2.00 mL、3.00 mL、5.00 mL砷标准使用液于50 mL容量瓶中，分别加入10 mL 1+1体积比盐酸溶液、10 mL硫脲－抗坏血酸溶液，于室温下放置30 min，如室温低于15 ℃，应置于30 ℃水浴中保温30 min。用水稀释至标线，混匀。

3. 测量条件的选择和调试

参考测量条件或采用自行确定的最佳测量条件（表4－4－1），以5%盐酸溶液为载流，以硼氢化钾溶液为还原剂，浓度由低到高依次测定砷标准系列的原子荧光强度，以原子荧光强度为纵坐标，砷质量浓度为横坐标，绘制校准曲线。

表4－4－1　仪器调试参考测试条件

元素	负高压（V）	灯电流（mA）	原子化器预热温度（℃）	载气流量（mL/min）	屏蔽器流量（mL/min）	积分方式
砷	260～300	40～60	200	400	900～1000	峰面积

4. 样品测定

按照与绘制校准曲线相同的条件测定试样的原子荧光强度。超过校准曲线高浓度点的样品，对其消解液稀释后再行测定，稀释倍数为f。

同时，测定空白样品。

六、样品采集

（1）测定溶解态样品和总量样品需分别采集。

（2）可滤态砷样品采集后尽快用0.45 μm滤膜过滤，弃去初始滤液50 mL，用少量滤液清洗采样瓶，收集滤液于采样瓶中。如水样为中性，按每升水样中加入5 mL浓盐酸的比例加入盐酸。样品保存期为14 d。

（3）测总砷样品除样品采集后不经过滤外，其他的处理方法和保存期同可过滤态样品。

七、质量保证和质量控制

1. 空白样品要求

每测定20个样品要增加测定实验室空白1个，当批不满20个样品时要测定实验室空白2个。全程空白的测试结果应小于方法检出限。

2. 相关系数要求

每次样品分析应绘制校准曲线。校准曲线的相关系数应大于或等于0.995。

3. 相对偏差的控制方法

每测完20个样品进行1次校准曲线零点和中间点浓度的核查，测试结果的相对偏差应不大于20%。

4. 平行样测定方法

每批样品至少测定10%的平行双样，样品数小于10时，至少测定1个平行双样。测试结果的相对偏差应不大于20%。

5. 加标回收要求

每批样品至少测定10%的加标样，样品数小于10时，至少测定1个加标样。加标回收率控制在70%～130%之间。

八、结果计算

样品中待测元素的质量浓度ρ按照公式（4－3－1）计算：

当砷的测定结果小于10 μg/L时，保留小数点后一位有效数字；当测定结果大于10 μg/L时，保留三位有效数字。

九、注意事项

（1）废物处理：实验中产生的废液和废物不可随意倾倒，应置于密闭容器中保存，委托有资质的单位进行处理。

（2）硼氰化钾是强还原剂，极易与空气中的氧气和二氧化碳反应，在中性和酸性溶液中易分解产生氢气，所以配制硼氢化钾还原剂时，要将硼氢化钾固体溶解在氢氧化钠溶液中，并临用现配。

（3）实验室所用的玻璃器皿均需用（1＋1）硝酸溶液浸泡24 h，或用热硝酸荡洗。清洗时依次用自来水、去离子水和超纯水洗净。

十、结果分析和讨论

（1）分析本次测定结果，阅读文献，对照讨论降水中砷含量的影响因素？

（2）与汞的原子荧光测定方法对比，实验步骤有何异同？

实验五　酸雨中致酸无机阴离子的测定

一、概述

酸雨是指 pH 小于 5.6 的雨雪或其他形式的降水，酸性主要来源于大气中碱性物质不足以中和酸性物质而造成，其中酸性物质又主要来源于空气中的二氧化硫、氮氧化物等物质溶解于水中而成，不同物质的来源不同。二氧化硫主要来源于煤燃烧及工业源，而氮氧化物主要来源于各种机动车尾气的排放。这些物质在酸雨中主要以亚硝酸根、硫酸根和硝酸根离子形式存在，酸雨中的主要致酸无机阴离子，包括 F^-、Cl^-、NO_3^-、NO_2^-、SO_4^{2-}、Br^- 及 PO_4^{3-} 等，其中 Cl^-、NO_3^-、SO_4^{2-} 是常见的大量存在的无机离子。这类致酸无机阴离子的含量可以揭示酸雨的成因，从而为酸雨防控提供理论依据。

二、实验目的

了解离子色谱法的原理，熟悉离子色谱法在样品测定的应用，学会离子色谱法同步测量水样中多种无机离子的原理、操作方法和步骤。掌握通过多种离子测量判断酸雨主要来源的分析方法。

三、实验原理

大气降水中常见无机阴离子的测量方法主要有分光光度法、离子色谱法及流动注射分析等方法。分光光度法一般只能测一种物质，进行多种物质测定时需要分别测定，测定过程较烦琐，速度也较慢。流动注射仪相当于仪器化的分光光度法，其测定仪器化后，大大提高了检测效率。离子色谱法则可以一次性同时进行多种无机阴离子的测定，样品需求量很小，速度快，检测灵敏，重复性好。本实验主要介绍离子色谱法。

离子色谱法利用离子交换原理，当样品导入系统中，随着淋洗液进入色谱柱时，待测离子与色谱柱中填充的离子交换树脂进行离子交换。基于不同阴离子对强碱性阴离子树脂的亲和力不同而彼此分开，被分离的阴离子进入抑制器被转换成高电导的酸型，而流动相则转变成弱电导的酸型以降低背景电导。然后，用电导检测器测量被转变为相应酸型的阴离子，与标准进行比较，根据保留时间定性，根据峰高或峰面积定量。

离子色谱分析系统一般主要包括进样系统、分离系统、检测系统及数据处理系统。试样由进样系统进入，后随着流动相进入柱分离系统，分离后进入检测系统经处理系统采集等过程。

四、实验仪器和试剂

1. 离子色谱仪

由离子色谱仪及所需附件组成的分析系统。

（1）阴离子分离柱：Dionex AS19 柱或等效柱。

（2）阴离子保护柱：填料与分离柱相同。

（3）阴离子抑制器：Dionex 阴离子微膜抑制器或等效抑制器。

（4）检测器：电导池检测器。

（5）记录仪：与离子色谱仪配套的记录仪及操作软件。

2. 淋洗液储备液

10 mol/L 氢氧化钠溶液，称取 80 g 干燥过的氢氧化钠（分析纯），用纯水配制成 200 mL 溶液，储存于塑料瓶中。此溶液可保存 1 个月。

3. 纯水

不含待测阴离子的去离子水，电导率应小于 0.1 ms/m。

4. 阴离子标准溶液

可购置市面销售的混合标准溶液，含 F^-、Cl^-、NO_2^-、NO_3^-、PO_4^{3-}、SO_4^{2-} 离子的浓度分别为 100 mg/L、200 mg/L、200 mg/L、500 mg/L、200 mg/L 和 1000 mg/L。

5. 标准溶液使用液

将阴离子标准溶液稀释 10 倍，分别含 F^-、Cl^-、NO_2^-、NO_3^-、PO_4^{3-}、SO_4^{2-} 离子各 10 mg/L、20 mg/L、20 mg/L、50 mg/L、20 mg/L 和 100 mg/L，备用。

五、实验方法和步骤

1. 仪器准备

（1）取出淋洗储备液，取适量溶液（取用时尽量取中层溶液，减少表层溶液的取用），用纯水逐级稀释至 20 mmol/L 的溶液，过 0.45 μm 水相滤膜。

（2）安装好保护柱、阴离子分析柱，启动仪器，用流速为0.5 mL/min的淋洗液运行仪器，调整抑制器的相关参数至符合仪器要求，待基线平稳后，可以开始样品测定。

2. 标准曲线的绘制方法

取6个50 mL容量瓶，按表4－5－1配制校准系列。

表4－5－1　标准溶液系列

瓶　号		1	2	3	4	5	6
标准使用液用量（mL）		0	0.50	1.00	2.50	5.00	10.00
各离子浓度（mg/L）	F^-	0.00	0.10	0.20	0.50	1.00	2.00
	Cl^-	0.00	0.20	0.40	1.00	2.00	4.00
	NO_2^-	0.00	0.20	0.40	1.00	2.00	4.00
	NO_3^-	0.00	0.50	1.00	2.50	5.00	10.00
	PO_4^{3-}	0.00	0.20	0.40	1.00	2.00	4.00
	SO_4^{2-}	0.00	1.00	2.00	5.00	10.00	20.00

依次以标准样品模式测定上述标准样品，记录各样品的总离子流图及流出曲线，软件记录各离子的峰高或峰面积。以出峰时间对各物质进行定性，以峰面积为纵坐标、标准样品浓度为横坐标，用最小二乘法建立校准曲线的回归方程。各物质的回归方程 R 值不低于0.990。

3. 样品测定

（1）样品预处理：取一定量水样通过0.45 μm水相滤膜过滤，除去样品中的颗粒物，弃去前50 mL样品滤液。

（2）样品按未知样品模式进行进样测定，根据标准曲线直接读出样品中各被测离子的浓度。

4. 质量保证与质量控制

（1）标准曲线中各物质的回归方程 R 值不能低于0.990。

（2）标准样品中各物质的分离度应不小于1.00，以避免高浓度物质对低浓度物质的测定干扰。

（3）如果样品中某被测离子的响应值超过线性范围，须用适量纯水稀释样品使其在标准曲线范围内，并重新分析测定。

（4）如果色谱结果未能很好地分离或某种离子的定性不可靠时，应将适量的标准溶液加入样品进行重新分析。

六、结果计算

按绘制标准曲线的程序测定样品各被测离子的峰响应值，然后从校准曲线读出对应离子的被测离子浓度，再乘以稀释倍数即得水样中待测离子的含量，其计算公式如下：

$$C = (S \times B + A) \times D \tag{4-5-1}$$

式中，C 为被测阴离子浓度，单位为 mg/L；S 为被测阴离子的峰高或峰面积；B 为标准曲线的斜率；A 为标准曲线的截距；D 为稀释因子。

七、注意事项

（1）当酸雨 pH 过低时，测样前应该适当调节样品 pH 至弱酸性，以免造成各物质出峰时间明显偏离的现象。

（2）标准样品及水样进样前需要通过 0.22 μm 水相滤膜进行过滤，避免固态物质进入色谱系统而造成系统堵塞。

（3）标准溶液贮存于聚乙烯塑料瓶中，在 4 ℃条件下，可以稳定保存 1 个月。标准使用液可以保存 1 周，标准样品应现配现用。

（4）标准样品与样品必须使用同样规格的定量环。

（5）干扰与消除：任何与等测阴离子保留时间相同的物质均会干扰测定。保留时间相近的离子浓度相差太大时不能准确测定。采用适当稀释或加入标准的方法可以达到定量的目的。

（6）当样品中含有高浓度的有机酸对测定有干扰时，应采用适当的方法去除干扰。

（7）不同色谱柱，淋洗液种类及淋洗液的浓度存在差异，须根据色谱柱类型选择合适的淋洗液种类及浓度。

八、　结果分析和讨论

（1）与常规比色法相比，离子色谱法测定有什么优缺点？

（2）酸性较强的样品不调节酸度直接测定时，物质的出峰时间会出现什么情况，对测定结果会有什么不利影响？

实验六　酸雨中有机小分子酸的测定

一、概述

酸雨的酸性主要来源于大气中碱性物质不足以中和酸性物质而造成，其中酸性物质主要以硫酸根和硝酸根形式存在，是酸雨中的主要致酸无机阴离子。除上述两种外，还存在一定含量的氯离子、氟离子等无机阴离子以及一些小分子有机酸。这类小分子有机酸主要包含甲酸、乙酸、草酸、丙二酸，有部分地区的酸雨样品中还能检出甲烷磺酸、丁二酸等物质。小分子有机酸的浓度虽然在阴离子总量中占比较小，但近年来的研究发现这类小分子有机酸对酸雨有着不可忽视的作用，其对雨水自由酸度的贡献量最高可达10%。同时，也在一定程度上揭示了污染物及对流层的化学转化过程。

小分子有机酸的检测方法有气相色谱法、液相色谱法、离子色谱串联质谱法和离子色谱电导检测法等。其中，气相色谱法需要将小分子有机酸富集并衍生成酯类，样品回收率低，处理过程烦琐。离子色谱串联质谱法可同时检测样品中的小分子有机酸和无机阴离子，分离效果好，结果干扰少，但仪器费用昂贵，目前还难于普及。离子色谱电导检测法，方法及前处理均比较简单，可以同时检测样品中的小分子有机酸和无机阴离子，其检出限一般为mg/L级，但对色谱柱的要求较高，同时样品中往往含有高浓度的硫酸根离子，对相对低浓度草酸、丙二酸等测定产生很大干扰，严重影响检测结果的准确性。液相色谱法前处理简单，可以准确快速同时测定样品中的有机酸，但不能同时测定样品中的无机阴离子。

本实验主要介绍液相色谱法测定降雨样品中的小分子有机酸的方法。

二、实验目的

了解液相色谱法的原理，熟悉液相色谱法在样品测定的应用；学会液相色谱法同步测量水样中多种有机小分子有机酸的原理、操作方法和步骤。

三、实验原理

液相色谱法中主要通过C_{18}色谱柱中固定相与小分子有机酸根的相互使用，在淋洗液（流动相）的作用下，不同结合能力的小分子有机酸分别被淋洗液洗脱出来，进入紫外检测器进行检测，用出峰时间进行定性，外标法用峰面积进行定量。

四、实验仪器和试剂

1. 液相色谱仪

配有 Waters Atlantis T3 柱（4.6 mm × 150 mm，或等效的其他色谱柱），紫外检测器或二极管阵列检测器。

2. 淋洗液

以甲醇（3%）－KH_2PO_4（0.015 mol/L）为流动相。称取 2.04 g 干燥后的 KH_2PO_4，溶于 100 mL 纯水中，上述溶液与 30 mL 甲醇（优级纯或色谱级）混合溶于纯水中配制成 1 L 溶液，过 0.45 μm 水相滤膜。

3. 有机酸标准溶液

分别配制甲酸、乙酸、甲基磺酸、丙酮酸、丙二酸、丁二酸、草酸浓度为 1000 mg/L 的储备液，储存于 4 ℃冰箱备用。

4. 标准溶液使用液

取一定量有机酸标准溶液混合后，用超纯水稀释 100 倍，配制成含甲酸、乙酸、甲基磺酸、丙酮酸、丙二酸、丁二酸、草酸浓度为 10 mg/L 的混合溶液，备用。

五、实验方法和步骤

1. 仪器准备

（1）从冰箱中取出淋洗液，放置至常温后使用。
（2）安装好色谱分析柱，启动仪器，用淋洗液按流速 0.8 mL/min 运行仪器，检测波长设置为 210 nm，柱温为 30 ℃，待基线平稳后，可以开始样品测定。

2. 标准曲线的绘制

取 6 个 50 mL 容量瓶，按表 4－6－1 配制标准曲线系列。

表 4-6-1　标准曲线的配制

瓶号	1	2	3	4	5	6
标准溶液使用液（mL）	0	0.50	1.00	2.00	3.00	4.00
小分子有机酸（mg/L）	0.00	0.10	0.20	0.40	0.60	0.80

小分子有机酸分别为甲酸、乙酸、甲基磺酸、丙酮酸、丙二酸、丁二酸、草酸。依次以标准样品模式按浓度测定上述标准样品，进样量为 20 μL，用出峰时间对各物质进行定性；以峰面积为纵坐标，标准样品浓度为横坐标，用最小二乘线性回归法建立校准曲线，并得出回归方程（$Y = AX + B$）及相关系数（R）。各物质的回归方程 R 值不低于 0.990。

3. 样品测定

样品预处理：取一定量水样通过 0.22 μm 水相滤膜过滤，除去样品中的颗粒物，弃去前 50 mL 样品滤液。

样品按未知样品模式以进样量为 20 μL 进行进样测定分析，根据标准曲线直接读出样品中各被测离子的浓度。

六、结果计算

按绘制标准曲线的程序测定样品各被测离子的峰响应值，然后从校准曲线读出对应离子的被测离子浓度，再乘以稀释倍数即得样品中待测离子的含量，其计算公式为公式（4-5-1）。

七、质量保证和质量控制

（1）标准曲线中各物质的回归方程 R 值不能低于 0.990。

（2）标准样品中各物质的分离度应不小于 0.5，以避免高浓度物质对低浓度物质的测定干扰。

（3）如果被测离子的响应值超过线性范围，需用适量纯水稀释样品使其在相间校准曲线范围内，并重新分析。

（4）如果色谱结果未能很好地分离或某种离子的定性不可靠，应将适量的标准溶液加入样品进行重新分析。

八、注意事项

（1）酸雨的 pH 过低时，测样前应该适当调节样品的 pH 至弱酸性，以免造成各物质出峰时间明显偏离的现象。

（2）样品悬浮物或颗粒物浓度明显时，应该采取充分过滤等措施，避免固态物质进入色谱系统而造成系统堵塞的情况。

（3）标准溶液贮存于玻璃塑料瓶中，在 4 ℃保存条件下，可以稳定 1 个月。标准使用液可以保存 1 周，标准样品应现用现配。

九、结果分析和讨论

（1）与离子色谱法相比，液相色谱法可以消除酸雨中常见无机阴离子硫酸根、硝酸根的影响，请解释原因。

（2）酸性较强的样品不调节酸度直接测定时，物质的出峰时间会出现什么情况，对测定结果会有什么不利影响？

实验七　降雨中主要无机阳离子的测定

一、概述

降雨中主要的阴离子有硝酸根、硫酸根和氯离子，而阳离子则主要有 NH_4^+、Na^+、K^+、Ca^{2+} 和 Mg^{2+}，当这些离子不足以中和阴离子时，降雨则呈现出酸性特征。不同地区降雨中的阳离子成分占比可能差异很大，其中 NH_4^+ 主要来源于农业源及生活源，自然界一些微生物活动及厌氧环境下也可能成为 NH_4^+ 的来源，Ca^{2+} 和 Mg^{2+} 则主要来源于地表的矿物质尘等在降雨中的溶解或反应，沿海地区的 Na^+ 则主要来源于海盐粒子，K^+ 的来源则很可能是生物质的燃烧等人类活动。阳离子中的 NH_4^+ 对降雨的酸碱性特征影响很大，因而在酸雨研究中广受关注。本实验重点介绍降水中铵离子的测定方法。

二、实验目的

通过本实验的学习，了解离子色谱法的原理，熟悉离子色谱法在样品测定的应用，学会离子色谱法测量水样中无机阳离子的原理、操作方法和步骤。

三、实验原理

大气降水中常见铵离子的测量方法主要有分光光度法、离子色谱法及流动注射仪法等。分光光度法一般只能测一种物质，多种物质测定时需要分别测定，需求的样品量会较大，测定过程较烦琐，速度也较慢。流动注射仪相当于仪器化的分光光度法，其测定仪器化后，大大提高了检测效率。离子色谱法则可以一次性做多种无机阳离子的同时测定，样品需求量很小，测试步骤简单，速度快。本节主要介绍离子色谱法。

离子色谱法通过阳离子型交换树脂与阳离子的结合，在淋洗液的作用下，不同结合能力的阴离子分别被淋洗液洗脱出来，分离后进入检测器后用电导检测器进行检测。采用出峰时间定性，用外标法以峰面积或峰高进行定量。

四、实验仪器和试剂

1. 离子色谱仪

离子色谱仪是由离子色谱仪及所需附件组成的分析系统。

（1）阴离子分离柱：Dionex CS12A 阳离子分析柱 + CS12A 阳离子保护柱（或用其他型号的等效柱 + 保护柱）。

（2）阳离子保护柱：填料与分离柱相同。

（3）检测器：电导池检测器。

（4）记录仪：与离子色谱仪配套的记录仪及操作软件。

2. 纯水

不含待测阳离子的去离子水，电导率应小于 0.1 ms/m。

3. 淋洗液储备液

1 mol/L 甲基磺酸溶液，称取 24 g 干燥过的甲基磺酸（分析纯），用纯水配制成 250 mL 溶液，储存于塑料瓶中。此溶液可保存 1 个月。

4. NH_4^+ 标准溶液

称取 5.35 g 充分干燥过的氯化铵，用纯水配制成 100 mL 溶液，储存于塑料瓶中。此溶液中 NH_4^+ 浓度为 1 mol/L，可冷藏保存 1 个月。

5. 标准溶液使用液

取 NH_4^+ 标准溶液 2.78 mL 放入 250 mL 容易瓶中，用纯水稀释定容。此溶液中 NH_4^+ 浓度为 200 mg/L。

五、实验方法和步骤

1. 仪器准备

（1）取出淋洗储备液，取适量溶液，用纯水逐级稀释至 20 mmol/L 的甲基磺酸溶液淋洗液，过 0.45 μm 水相滤膜。

（2）安装好保护柱、阳离子分析柱及仪器后，启动仪器，用淋洗液按流速 1.0 mL/min 运行仪器，调整相关参数至符合仪器要求，待基线平稳后，可以开始样品测定。

2. 标准曲线的绘制

取 6 个 50 mL 容量瓶，按表 4－7－1 配制标准曲线系列。

表 4-7-1 标准曲线的配制

瓶号	1	2	3	4	5	6	7
标准溶液使用液用量（mL）	0	0.15	0.25	0.50	1.00	1.50	2.50
NH_4^+ 含量（mg/L）	0.00	0.60	1.00	2.00	4.00	6.00	10.00

依次以标准样品模式按浓度测定上述标准样品，记录各样品的总离子流图及流出曲线，软件记录出各被测离子的峰高或峰面积。用出峰时间对各物质进行定性，以峰面积为纵坐标，标准样品浓度为横坐标，用最小二乘法建立校准曲线的回归方程。各物质的回归方程 R 值不低于 0.990。

3. 样品测定

（1）样品预处理：取一定量水样通过 0.45 μm 水相滤膜过滤，除去样品中的颗粒物，弃去前 50 mL 样品滤液。

（2）样品按未知样品模式进行进样测定，根据标准曲线直接读出样品中各被测离子的浓度。

六、结果计算

按绘制标准曲线的程序测定样品各被测离子的峰响应值，然后从校准曲线读出对应离子的被测离子浓度，再乘以稀释倍数即得水样中待测离子的含量，其计算公式为公式（4-5-1）。

七、质量保证和质量控制

（1）标准曲线中各物质的回归方程 R 值不能低于 0.990。

（2）标准样品中各物质的分离度应不小于 1.00，以避免高浓度物质对低浓度物质的测定干扰。对于 K^+ 的干扰，可以加入少量 18 冠 6 消除。

（3）如果某样品的某被测离子的响应值超过线性范围，需用适量纯水稀释样品使其在相间校准曲线范围内，并重新分析。

（4）如果色谱结果未能很好地分离或某种离子的定性不可靠，应将适量的标准溶液加入样品进行重新分析。

八、注意事项

（1）样品悬浮物或颗粒物浓度明显时，应该采取充分过滤等措施，避免固态物质进入色谱系统而造成系统堵塞的情况。

（2）标准样品及水样进样前需要通过 0.45 μm 水相滤膜进行过滤，以免颗粒物堵塞仪器流路。

（3）标准溶液贮存于聚乙烯塑料瓶中，在4 ℃条件下，可以稳定保存1个月。标准使用液可以保存1周，标准样品应现配现用。

（4）标准样品与样品必需使用同样规格的定量环。

（5）不同色谱柱，淋洗液种类及淋洗液的浓度存在差异，需根据色谱柱类型选择合适的淋洗液种类及浓度。

九、结果分析和讨论

（1）与常规比色法相比，离子色谱法测定大气降水中的铵有什么优缺点？

（2）讨论酸雨中阳离子在离子平衡中的重要作用。

实验八　酸雨的生态环境响应实验（土壤对酸雨的缓冲作用和影响）

一、概述

酸雨对土壤生态系统的影响主要是通过改变其理化性质和微生物环境而产生。在酸雨淋溶作用下，土壤 pH、盐基离子、铁、锰、铝等矿物元素以及微量元素、氮、磷等营养元素都会发生改变，其中酸雨 pH 和淋溶量是影响土壤性质的决定性因素。与此同时，随着酸沉降的发生，土壤体系反过来产生一定的缓冲作用，其缓冲作用的大小与酸雨 pH 和降雨量关系密切。因此，探讨土壤对酸雨的缓冲机制亦成为学者们关注的热点问题。

本实验将给出实验设计基本思路，引导学生不仅关注和掌握酸雨本身的组成成分和污染物质的分析测定方法，而且将实验技能拓展至酸雨对生态系统影响的研究方法。

二、实验目的

通过测定模拟酸雨作用下土壤 pH 的变化，探究土壤对酸雨的缓冲作用和影响。

三、实验方法

选取代表性的土壤作为实验用土，制备直径为 3.2 cm、高度为 10～12 cm 的土柱，配制 pH 分别为 4.0、4.5 和 5.0 的模拟酸雨溶液进行土壤淋洗，分段收集淋洗液，分别测定淋洗液 pH。

四、实验仪器和材料

1. 淋溶土柱

备有橡皮胶塞，多孔玻板衬底，底部取液口。

2. 模拟酸雨

pH 分别为 4.00、4.50 和 5.00。

3. pH 计

测量精度为 0.01 单位。

4. 石英砂

取适量以蒸馏水冲洗晾干备用。

5. 脱脂棉

普通医用。

五、实验步骤

1. 土柱制备

取用有机玻璃管，用橡皮胶塞塞住管底部，填充高度为 1～2 cm 的石英砂为衬底；平行称取 60 g 过筛的 20 目土壤样品 3 份，分别装入 3 支有机玻璃管中，轻轻敲打玻璃管，使土样平整均匀，土样上层再铺一层 1～2 cm 的石英砂并以脱脂棉覆盖。

2. 模拟酸雨的配制

取纯水，用稀硝酸或稀硫酸以及稀氢氧化钠配备 3 份 pH 分别为 4.00、4.50 和 5.00 左右（精确读数至 0.01）的模拟酸雨，每份约 300 mL。

3. 土柱淋洗

采用间歇式淋洗法，首先加入约 100 mL 纯水使土壤呈饱和状态，同时轻轻敲打玻璃管，赶出样品中的气泡；并以此纯水淋出液作为土壤初始 pH，然后以约 20 mL/30 mL 的淋溶速率淋洗已制备好的饱和状态土柱，并收集淋洗液约 10 mL。

4. 以 pH 计测定淋洗液 pH

精度为 0.01 单位。

六、实验结果

（1）每一小组以测得的 pH 绘制不同 pH 酸雨和不同淋溶量作用下的 pH 变化曲线图，分析讨论土壤 pH 的变化，探讨土壤对酸雨的缓冲作用。

（2）对比每一组测定结果，讨论不同类型土壤对酸雨的缓冲作用。

七、结果分析和讨论

（1）酸雨作用除了对土壤 pH 产生影响外，还对生态系统中哪些要素产生影响？

（2）你有没有关注过所生活地区的酸雨现象和生态变化？表现在哪些方面？

参考文献

[1] 国家环境保护总局. 酸沉降监测技术规范：HJ/T 165—2004 [S].

[2] 生态环境部. 环境空气中阳离子的测定 离子色谱法：HJ 1005—2018 [S].

[3] 生态环境部. 降水中有机酸的测定 离子色谱法：HJ 1004—2018 [S].

[4] 生态环境部. 环境空气 气态汞的测定 金膜富集/冷原子吸收分光光度法：HJ 910—2017 [S].

[5] 生态环境部. 环境空气 颗粒中水溶性阳离子的测定 离子色谱法：HJ 800—2016 [S].

[6] 生态环境部. 环境空气 颗粒物中可溶性阴离子的测定 离子色谱法：HJ 799—2016 [S].

[7] 生态环境部. 空气和废气 颗粒物中金属元素的测定 电感耦合等离子体发射光谱法：HJ 777—2015 [S].

[8] 生态环境部. 空气和废气 颗粒物中铅等金属元素的测定 电感耦合等离子体质谱法：HJ 657—2013 [S].

[9] 生态环境部. 环境空气 汞的测定 冷原子荧光法：HJ 542—2009 [S].

[10] 生态环境部. 水质 汞砷硒铋锑的测定 原子荧光法：HJ 694—2014 [S].

[11] 姚小红，黄美元，高会旺，等. 沿海地区海盐和大气污染物反应的致酸作用 [J]. 环境科学，1998 (3).

[12] 陈璇，单晓冉，石兆基，等. 1998—2018 年我国酸雨的时空变化及其原因分析（英文）[J]. Journal of resources and ecology，2021，12 (5)：593－599.

[13] 王玮，王文兴，全浩. 我国酸性降水来源探讨 [J]. 中国环境科学，1995 (2).

[14] 王国祯，刘偲嘉，于兴娜. 珠海市降水化学与沉降特征 [J]. 环境科学研究，2021，34 (7)：1612－1620.

[15] 余倩，段雷，郝吉明. 中国酸沉降：来源、影响与控制 [J]. 环境科学报，2021，41 (3)：731－746.